宗白华美学思想的佛学渊源

ZONGBAIHUA MEIXUE SIXIANG DE FOXUE YUANYUAN

ZONGBAIHUA MEIXUE SIXIANG DE FOXUE YUANYUAN

张希玲◎著

图书在版编目(CIP)数据

宗白华美学思想的佛学渊源 / 张希玲著. —哈尔滨:
黑龙江人民出版社, 2015.8 (2021.5重印)
ISBN 978 - 7 - 207 - 10434 - 2

Ⅰ. ①宗… Ⅱ. ①张… Ⅲ. ①宗白华(1897~1986)
—美学思想—研究 Ⅳ. ①B83 - 092

中国版本图书馆 CIP 数据核字(2015)第 212116 号

责任编辑:崔 冉
装帧设计:王凯宏

宗白华美学思想的佛学渊源

张希玲 著

出版发行	黑龙江人民出版社
通讯地址	哈尔滨市南岗区宣庆小区 1 号楼
邮 编	150008
网 址	www. longpress. com
电子邮箱	hljrmcbs@ yeah. net
印 刷	北京一鑫印务有限责任公司
开 本	787×1092 1/16
印 张	11. 25
字 数	150 千字
版 次	2015 年 8 月第 1 版 2021年5月第2次印刷
书 号	ISBN 978 - 7 - 207 - 10434 -2
定 价	28. 00 元

目　　录

第一章 导 论

一、宗白华美学思想渊源研究的现状及简要评述

（一）宗白华美学研究成果现状梳理

在 20 世纪中国美学思想史上，宗白华是人人敬仰的先行者和开拓者之一，以其独特的学术视野和风貌，为中国现代美学的建构做出卓越的贡献。因此，后世学人满怀深情地给予宗白华以极高的定位和评价，如林同华将朱光潜、宗白华与王国维、蔡元培等相提并论："如果说，王国维和蔡元培是近代、现代中国美学史上的重要人物，那么，朱光潜、宗白华两位先生，则是现代与当代的美学大师"①。叶朗将宗白华与朱光潜并称为中国现代"美学的双峰"②。章启群则称"宗白华集学者、诗人、艺术鉴赏家于一身，是当代学术史上为数不多的富有诗人气质的思想者，更是一个学者化的诗人。他所涉猎的学术领域之广之深，为学界所仅见。他的学术思想和贡献，不仅在中国美学史、中国艺术思想史上具有不可磨灭的地位和贡献，而且在现代中国思想史、哲学史上，都应该有着相当高的价值和意义"，"是 20 世纪中国唯一的可以称为有自己思想体系的美学家"③。

---

① 林同华. 宗白华美学思想研究[M]. 沈阳：辽宁人民出版社，1987：12.
② 叶朗. 美学的双峰[M]. 合肥：安徽教育出版社，1999：1.
③ 章启群. 百年中国美学史略[M]. 北京：北京大学出版社，2005：107～108，168.

正是由于宗白华的卓越贡献，自 20 世纪 80 年代以来，学术界兴起了宗白华研究热，直至今天仍经久不衰。研究者的研究视角多元丰富，如果我们就研究内容的角度进行一下简单归类，主要成果大致包括：（1）宗白华生平传略研究。代表作如邹士方的《宗白华评传》（1989 年香港人民出版社出版）、王德胜的《宗白华评传》（2001 年商务印书馆出版）。（2）宗白华美学思想研究。早期的代表作如林同华的《宗白华美学思想研究》（1987 年辽宁人民出版社出版）、邹士方和王德胜的《朱光潜宗白华论》（1987 年香港新闻出版社出版）、叶朗的《美学的双峰——朱光潜、宗白华与中国现代美学》（1999 年安徽教育出版社出版）。进入 21 世纪，一批学术新秀意气风发，以新的学术视角和学术思维，对宗白华美学思想进一步深入探讨，产生了一批有一定影响的，由博士或博士后论文修订出版的专著，代表作如胡继华的《宗白华：文化幽怀与审美象征》（2005 年文津出版社出版）、萧湛的《生命心灵意境：论宗白华生命美学之体系》（2006 年上海三联出版社出版）、田智祥的《宗白华精神人格与美学之路》（2010 年南开大学出版社出版）、汤拥华的《宗白华与"中国美学"的困境——一个反思性的考察》（2010 年北京大学出版社出版）。（3）宗白华在中国学术史上的地位与贡献研究。代表作如章启群的《百年中国美学史略》（2005 年北京大学出版社出版）、聂振斌的《中国近代美学思想史》（1991 年中国社会科学出版社出版）。（4）宗白华美学方法研究。专以此方面为研究内容的著作不多，仅见王怀平在硕士论文基础上修订出版的专著《美学散步——宗白华美学研究方法与风格新探》，多则散见于研究著述及零散期刊论文之中。（5）宗白华美学思想的学术渊源研究。此方面研究成果较少，尚无专著出版，其成果散见于宗白华美学研究专著中的某些章节之中。

除上面提及的主要著作外，还有一些单篇随笔或论文也在宗白华研究中产生较大影响，如李泽厚的《〈美学散步〉序》（见宗白华《美学散步》，1981 年上海人民出版社出版）、刘小枫的《湖畔漫步的美学老人——忆念宗白华师》（《读书》，1988 年第一期）、王岳川的《〈宗白华学术文化随笔〉跋》（见《宗白华学术文化随笔》，1996 年中国青年出版社出版）、肖鹰的《宗白华的美学精神》（《汕头大学学报》，1997 年第 3 期）、王裕雄的《中国传统美学的现代转换》（《安徽大学学报》，1999 年第 1 期）、彭锋的《宗白华美学与生命哲学》（《北京大学学报》，2000 年第 2 期）等等，为上述研究内容进行了有力补充。

（二）宗白华美学思想渊源研究的基本观点归纳

这些研究成果对宗白华美学思想的内容体系、特色风貌、价值影响、热点问题等均有独到探讨和卓越建树，为其他学人呈现了一个全面、立体、厚重、灵动的美学大师形象：宗白华是一位学贯中西、通古博今的美学家，其美学思想体系博大精深，他站在古典与现代、东方与西方交会点上，为中国现代美学体系的构建做出了突出贡献。但在宗白华美学思想学术渊源方面，学界至今存在着不同的看法。综合起来主要有以下四种观点：

第一种观点以李泽厚为代表，认为宗白华美学思想的渊源主要来源于儒道佛三位一体的中国传统思想。李泽厚在 1981 年出版的宗白华《美学散步》的序言中，将朱光潜与宗白华放在一起进行比较，他认为"朱先生的文章和思维方式是推理的，宗先生却是抒情的；朱先生偏于文学，宗先生偏于艺术；朱先生更是近代的，西方的，科学的，宗先生更是古典的，中国的，艺术的；朱先生更是学者，宗先生更是诗人……"，进而强调中国文化的儒释道传统对宗白华美学思想的影响："'天行健，君子自强不息'的儒家精神，以对待人生的审美态度为基本特征的庄子哲学以及并不否弃生命的中国佛学——禅宗，加上屈骚传统，我以为这就是中国美学的精英和灵魂，宗先生以诗人的敏锐，以近代人的感受，直观地牢牢把握和强调了这个灵魂（特别是其中的前三者）。"[①]在这里，李泽厚不仅总结概括了宗白华美学的基本特

————————

① 李泽厚.宗白华《美学散步》序[J].读书.1981,(3):92.

色,也率先开创了宗白华美学思想学术渊源研究的先河。

第二种观点以林同华、刘小枫为代表,认为宗白华美学主要来源于西方古典美学,尤其是德国美学的深刻影响。林同华把朱光潜、宗白华与王国维、蔡元培放在同等重要的位置上进行评价,认为"德国古典美学,都在他们的思想体系里,发生过不可泯灭的影响"。"德国古典时代的美学家温克尔曼、歌德的艺术思想,或者意大利近代美学家克罗齐的艺术心理学思想,给了这两位美学大师以不同的思维定式。"① 刘小枫认为:"宗白华、朱光潜这两位现代中国的美学大师,早年都曾受叔本华、尼采哲学的影响",进而强调"本来就重视生命问题的青年宗白华,在接触德国哲学时,很快就与当时流行的生命哲学一拍即合",并且以自己亲身的见闻作为西方思想对宗白华的影响的佐证。② 刘小枫在后来出版的《现代性社会理论绪论》中把宗白华放在"现代性"理论体系中,还突出强调他是在现代西方审美主义那里借取学术资源,来进行中国民族文化精神的建构。总的看,他们所关注的,主要是西方思想对宗白华美学思想产生的影响。

第三种观点以叶朗为代表,认为宗白华美学是中国传统美学和西方现代美学相互融合的结晶。在纪念朱光潜、宗白华100周年诞辰国际学术研讨会上,叶朗撰文《从朱光潜"接着讲"》,在该文中,他不仅用"美学的双峰"一语高度评价朱光潜、宗白华在中国现代美学史上的突出地位和贡献,成为被后来学者广泛认可的经典概括,而且对宗白华的美学思想做出这样的评定:他"立足于中国古代'天人合一'思维模式的美学思想,与西方现代美学是相通的",在宗白华身上"反映了西方美学从传统走向现代的历史趋势,反映了中国近代以来寻求中西美学融合的趋势"。③ 显然,他要强调的是宗白华美学思想是中西合璧的结果。

---

① 林同华.宗白华美学思想研究[M].沈阳:辽宁人民出版社,1987:12,13.
② 刘小枫.湖畔漫步的美学老人——忆念宗白华师[J].读书,1988,(1):115.
③ 叶朗.美学的双峰[M].合肥:安徽教育出版社,1999:3.

第四种观点以邹士方、王德胜为代表,认为宗白华美学思想的精神核心来自于庄子哲学及其人格。邹士方、王德胜两位学者十分看重庄子对宗白华的影响,在不同的著述中,他们多次提到:"他哲学的研究从佛学开始……但中国传统文化中对他影响最大的不是佛学,而是庄子的哲学和人格以及治学的方法。"①"宗先生的哲学研究开始于佛学,佛理的境界投合了青年时期他心中潜在的哲学冥思。但他的哲学思想最深的心源还是在于老庄道家哲学。老、庄哲学影响着宗先生的研究态度、方法和人格修养,影响着他美学思想的形成。"②"他受老庄的影响很深,庄子的崇尚自然、反对雕琢、虚静坐忘、得意忘言等等在他身上打下了深刻的烙印……此外,康德和叔本华的下述思想(主要指康德与叔本华的人生哲学思想——笔者注)对他的人生态度和美学研究也有一定影响。"③

(三)对以上主要观点的分析评价

上述四种观点基本上概括了学术界对宗白华美学思想渊源问题的总体认识,成为学者们进行宗白华美学思想研究的重要参考。应该说,这些学者的观点都是有价值的,可以指导研究者从不同的角度对宗白华美学思想进行深刻认识与评价。但同时,这些观点也有值得商榷的地方。

李泽厚是第一位对宗白华美学思想渊源问题做出评价的学者,其观点在学术界也产生了较大的影响。他主要关注了中国哲学思想对宗白华美学思想的影响,全面把握了宗白华美学思想中儒道佛三条中国哲学命脉,并且将三者放在同等位置上来评价其在宗白华美学思想中的重要价值和地位。毫无疑问,李泽厚的观点具有明显的偏颇之处,其最大的问题是全面忽略了西方思想对宗白华美学的影响,因而在他眼中的宗白华是中国式的,中国思想、中国精神、中国面貌,这只能说是"半个宗白华"的肖像。而且就儒道佛

① 邹士方.宗白华评传[M].香港:香港新闻出版社,1987:9.
② 王德胜.宗白华中西比较美学思想简论[J].扬州师院学报:社会科学版,1988,(4):10.
③ 邹士方,王德胜.朱光潜宗白华论[M].香港:香港新闻出版社,1987:98.

思想对宗白华的影响问题,李泽厚也并未做出更为细致准确地研究,其观点也只好笼而统之,无法做出细致地比较与评判。当然,如果我们对李泽厚求全责备是不公正的,因为李泽厚为宗白华写《美学散步》的序言,仅仅是就该文集中收入的宗白华的部分文章而作的,文集中所收入的选文,较多地体现的是宗白华美学的中国面貌。李泽厚在当时并没有读到宗白华的所有论著,不可能全面深入地把握其思想体系的整体面貌。

林同华、刘小枫都是宗白华在北京大学时期的学生,不仅亲耳聆听了宗白华的授课,还与宗白华有较多的个人往来,经常出入宗白华的家中,对宗白华的思想、为人都有较深入地了解。而且林同华第一个对宗白华美学思想进行了体系性研究,他的《宗白华美学思想研究》也是第一本宗白华美学思想研究的专著,成为宗白华研究的理论奠基之作。所以,他们对宗白华的认识相对来说是比较深入的。从二人的观点来看,他们并没有完全忽视宗白华美学思想中的中国元素,但总的说是把西方思想看成是宗白华美学的主要思想渊源。因此,林同华在立足于"德国古典美学作为世界史上人类的共同财富"这一点上来阐述德国古典美学对宗白华的影响时,使用了"不可泯灭"这样的词汇①;刘小枫则在《湖畔漫步的美学老人——忆念宗白华师》中,有意记录了宗白华藏书与读书的一些细节,"宗先生的书架上放着的""外文书远远多于中文书","版本均为二三十年代","宗先生的主要研究对象,是中国艺术里的精神和境界,但宗先生却对我说,中国的书籍他看得不多,只是闲时翻翻,大量读的是外文书"②。如此看来,林同华、刘小枫二人虽然没有完全忽略宗白华美学中的中国思想元素,但总的看其观点重心是在西方思想元素方面,因此,仍然难免具有一定的偏颇性。

叶朗的观点看上去是比较全面客观的,因为他在中西思想对宗白华美学的影响方面,没有偏向任何一方,而且特别强调了"几十年来,宗白华先生

---

① 林同华.宗白华美学思想研究[M].沈阳:辽宁人民出版社,1987:13.
② 刘小枫.湖畔漫步的美学老人——忆念宗白华师[J].读书,1988,(1):118.

一直倡导和追求中西美学的融合"①。这样评价尽管全面,但也难免给人一种大而化之的笼统感觉,因为这一观点给人形成的总体印象是宗白华美学思想非中非西或者亦中亦西,难以准确反映宗白华美学思想的独特本质和面貌。

邹士方、王德胜在宗白华研究方面是两位无可取代的开拓者,因为二人不仅较早开始宗白华美学思想研究,还有合作研究成果,并且都为宗白华作了评传,现在进行宗白华研究的学者,任何人都无法绕过他们,都必须在他们的研究成果的基础上进行升华和拓展,因而,他们的观点自然具有相当的代表性。从二人的评述中可知,他们在全面把握宗白华美学与中西方哲学思想的关联的基础上,突出了中国哲学的影响,而在中国哲学方面,更突出强调了庄子哲学对宗白华美学思想的影响。不难看出,邹士方、王德胜对宗白华的研究是相当深入的,相对于其他学者,他们对宗白华美学思想中的中西元素做出了更为具体、深入、准确地把握。在这一点上,邹、王二人的观点是值得称道的。当然,这并不等于说我们完全赞同二人的观点,在总体观点一致的基础上,在道与佛、庄与禅究竟哪一家对宗白华美学思想影响更大、更深,影响了宗白华美学本质特色的形成,乃至于成为宗白华美学思想灵魂方面,我们觉得还有值得商榷的地方和研究的空间。

二、本研究的主要论旨

本研究的主旨在于探讨佛学对宗白华美学思想形成的全面影响,进而准确把握宗白华美学思想的精神特质和特色风貌的成因,为宗白华研究提供新的理论基础。同时,由于宗白华在中国现代美学史上的特殊地位和影响,也力求为中国现代美学思想的研究及其体系的建构,提供一定有意义的研究思路和研究视角方面的借鉴。

---

① 叶朗.美学的双峰[M].合肥:安徽教育出版社,1999:14.

探寻佛学对宗白华美学思想的影响,不是作者的一时心血来潮或有意地标新立异,而是基于对宗白华的美学论著深入研读和思考的结果。

在研读宗白华的过程中我们发现,他的学术研究始终与佛学紧密关联。

我们发现,在宗白华早期的论著中明显贯穿着一条佛学的话语线索,佛学概念和语句充溢其间,如"色声香味触""诸法""色相""假象""名言""现量""比量""唯识""了义""第八识""能见之识""世俗谛""第一义谛""正法眼藏""清净涅槃"等等,他还多次提到《华严经》《金刚经》《心经》《维摩诘经》等重要佛学经典。他还能够信手拈来引用大段的佛经经文,如"从痴到爱,则我病生。以一切众生病,是故我病。若一切众生得不病者,则我病减"①,"色即是空,空即是色,色不异空,空不异色"②,等等。宗白华经常使用这些佛学术语来阐述他的哲学问题和美学问题,几乎创造了一个气息连贯的佛学语义场。

康德和叔本华研究是宗白华早期哲学研究的重要课题,所取得的成就在当时的学术界也产生了较大影响。我们发现,宗白华的康德和叔本华研究与佛学也有着重要的联系。他曾经提到:"秋天,我转学去了上海同济,同房间里一位朋友,很信佛,常常盘坐在床上朗诵《华严经》,音调高朗清远有出世之概,我很感动。我欢喜躺在床上瞑目静听他歌唱的词句,《华严经》词句的优美,引起我读它的兴趣。而那庄严伟大的佛理境界投合我心里潜在的哲学的冥想,我对哲学的研究是从这里开始的。庄子、康德、叔本华、歌德相继在我的心灵天空出现,每个人都在我的精神人格上留下不可磨灭的印痕。"③一般研究者都据此发现了佛学在宗白华哲学研究中所起到的重要的引领作用,然后,研究的重心则放在康德和叔本华对宗白华的影响方面,并以宗白华的"拿叔本华的眼睛看世界,拿歌德的精神做人"做论据,判定

---

① 宗白华.宗白华全集(二)[M].合肥:安徽教育出版社,2008:304.
② 宗白华.宗白华全集(二)[M].合肥:安徽教育出版社,2008:331.
③ 宗白华.宗白华全集(二)[M].合肥:安徽教育出版社,2008:150,151.

宗白华早期受到康德和叔本华的影响深远。进一步研习我们发现,在宗白华"拿叔本华的眼睛看世界,拿歌德的精神做人"的背后,其实是拿佛学的眼光看康德和叔本华的。例如他在介绍叔本华、康德的文章中多处发出这样的感叹:"(叔本华)造《世界唯意志论》,人谓此书,集欧洲形而上学之大成,其意尤与佛理相契合。""故曰:世界唯意、唯识。此世界唯意识之大意也。含义闳深,颇契佛理。""吾读其书,抚掌惊喜,以为颇近于东方大哲之思想。"①"康德书中,最精两语,即是一切诸法,具有形下实相(对形下之心言),而同时具有形上虚相(对形上之心言),事理无二,几于佛矣……佛家性宗谓诸法即空即假即中,与康德之意,不谋而合。"②在这里,佛教术语几乎是宗白华理解、阐释、评价康德和叔本华的一把金钥匙,佛学思想也几乎是他评价叔本华和康德哲学思想价值的基本评价标准。

宗白华还善于以佛理来观照社会生活:"我在欧阳先生这两篇高深精微的大文章(《辨二谛三性》《辨唯识法相》——笔者注)下面发表一位现代青年女性方女士所记述的军训生活剪影。我们在这一片天真纯洁、爱国守纪律的集团生活里见到中国光明的来临。"③军事生活与佛学义理原本是不相干的,甚至从表层看是相互背离的,但在宗白华的视野中,却看到了世出世间法"原本不二"的圆融境界。

宗白华还善于以佛理来观照近代科学技术:"近代科学医学的进步,使我们对'生'的现实已有了若干科学的认识,而'老'和'死',人们所最不愿闻而想把它克服了的——也竟被伏罗诺夫教授由内分泌腺移接术的实验可以克服'老',而且在相当长的时间内拒绝'死'。"④深谙"五四"科学民主精神的宗白华,没有从科技进步、社会发展的角度来评价这样一项纯粹的医学技术活动,却把其纳入生老病死的佛教人生观的烛照下,从而使之获得了与

①　宗白华. 宗白华全集(一)[M]. 合肥:安徽教育出版社,2008:3,4,5.
②　宗白华. 宗白华全集(一)[M]. 合肥:安徽教育出版社,2008:14.
③　宗白华. 宗白华全集(二)[M]. 合肥:安徽教育出版社,2008:197.
④　宗白华. 宗白华全集(二)[M]. 合肥:安徽教育出版社,2008:254.

宇宙人生紧密关联的哲学意味。

在研读宗白华的过程中我们还发现,他的人生历程也是与佛学思想相伴始终的。

翻开《宗白华全集》的第一篇,我们发现他最初的生命体验就充满鲜明的佛学色彩。他的《律诗四首·赠青年僧人》诗云:"师是丹霞佛可烧,我从火宅识灵苗。濠梁始信鱼知水,松龄今看鹤在宵。汩汩寒潮注江海,微微尘梦续昏朝。云霾月黑三千界,天遣斯人慰寂寥。"①诗中不仅巧妙地化用了佛教经典故事——丹霞烧佛,表明他对佛禅的体认,还引用了两个重要的佛学术语——"火宅""三千界",来阐释他对人生的看法,并在最后的诗句"天遣斯人慰寂寥"中,来昭示自己的心灵境界与佛教精神宿命般的高度契合。

我们还发现,在宗白华的亲人与友人中,也有多人具有佛学背景,也给他以多方面的佛学影响。宗白华的父亲宗嘉禄不仅是一位设立新学、兴修水利、传播现代学术的新学家,同时也是一位践行佛法修持的道路,并且获得修持结果的人。他曾以虔诚的信仰手录《金刚经》《心经》《维摩诘经》等经,最后自知时至,坐化而终。② 此外,在宗白华的生命历程中,众多深受佛学思想影响的现代大学者成为他的挚友,如方东美、梁漱溟、冯友兰、熊十力、牟宗三、唐君毅、汤用彤等,这些人与宗白华之间的精神交流,相互间的影响是可想而知的。

在一些宗白华的生平资料中,我们还发现宗白华一生淡泊名利,与世无争,唯爱艺术,在他所珍藏的艺术品中,有一尊20世纪30年代在南京购得的唐代青玉石雕佛头几乎伴随他一生,他深爱它"低眉瞑目,秀美慈祥,体现了佛教慈悲的宗旨",能让人忘却疲劳,进入静穆庄严的境界,而且几经沧桑,始终相伴左右,成了宗白华终生不离的好朋友。这无疑是佛学思想渗透

---

① 宗白华. 宗白华全集(一)[M]. 合肥:安徽教育出版社,2008. 第2页
② 宗白华. 宗白华全集(二)[M]. 合肥:安徽教育出版社,2008. 第379页

于他的灵魂深处,沉积成他的生命境界的表现。①

综合以上研读结果,我们觉得佛学思想在宗白华的思想中经历了一个显在的、渗融的、沉潜的历程,这些现象不容置疑地显现在宗白华的著作里和其人生历程中,深深地影响了他的美学思想体系的确立,影响了他学术思维方式和研究方法特色的形成,这其中存在着许多深层意蕴需要我们去开发。于是在这一思想指导下,我们确立了佛学对宗白华美学思想的影响研究这一课题。

三、本研究的创新追求

长期以来,学术界比较重视的是西方哲学和庄子美学对宗白华美学思想的影响的研究,而佛学对宗白华美学的影响问题研究者极少,到目前为止,能够检索到的仅有的几篇文章,也只是从某一个具体问题入手进行微观探讨,如有学者著文探讨宗白华的"美学妙悟说"②,有学者著文探讨宗白华写实、传神、妙悟的"治学三境界"③,有学者著文探讨宗白华人格、审美和小诗的"禅味"④,等等。总的看,这方面的研究成果还不多,且基本上是零散的个别问题的探讨。在一些正式出版的长篇著述中,一些研究者即使注意到了佛学对宗白华的影响,也只是作为一个侧面来认识宗白华,使得我们对宗白华美学思想特色的认识存在一定程度的不足。本研究从佛学的角度切入,对宗白华美学思想体系从整体到局部,乃至具体问题,都进行了深入地研究探讨,从而对宗白华美学的特质和风貌的最根本的成因得出新的认识与结论,这一研究视角具有一定的开拓性和创新性。

宗白华的美学成就主要体现在他对人生、对艺术的美学思考方面,他本

---

① 王德胜.宗白华评传[M].北京:商务印书馆,2001:115.
② 徐辉.妙悟之神韵——宗白华现代"美学妙悟说"及其启示[J].四川师范大学学报:社会科学版,2007,(1).
③ 罗筼筼.写实传神妙悟——宗白华先生治学三境界[J].安徽大学学报,2008,(5).
④ 袁婷.体味"禅""宗"——论宗白华人格、审美、小诗的禅味[J].文山师范高等专科学校学报,2005,(3).

人关注科技的文章极少。因此,学者们都不遗余力地从各个角度对前两方面问题进行探讨,到目前为止,学术界尚无一篇文章或专著涉猎宗白华科技美学思想问题。本研究则在宗白华仅有的几篇有关现代科技的文章中,发掘出他的科技美学思想,研究分析了其基本内涵与特色,也探讨了其与佛学的内在联系。因此,本研究在一定意义上,填补了宗白华美学研究中的一项空白,使得我们对宗白华美学思想体系的整体面貌有了一个新的理解和认识,应该说这是宗白华美学思想体系的构成研究方面的新创见。

本研究还涉猎一个重要问题就是庄禅比较,一些学者比较强调庄子对宗白华的影响,因为他们在宗白华人生态度、美学思想中,分明看到了庄子的人格精神和治学方法。在中国学术思想史上,庄与禅本来就是一个难解难分的课题,刻意进行比较分析,不一定有多大的学术意义,但要想深入探讨佛学对宗白华美学思想的影响,就必须明晰二者的关系,厘清二者的差别,探寻其对宗白华美学的不同影响,进而准确认识阐发宗白华美学的禅学精神特质。这虽然是一个难题,但也必将是一个有意思的论题。

本研究将地域文化要素引入宗白华美学思想的研究中,并结合时代、家族文化要素,综合探讨了宗白华美学与佛学的内在关联的文化背景及其成因,其研究思路具有一定程度的创新性。在以往的研究中,学者们大都在不同程度上注意到了时代、家族因素对宗白华思想观念的影响,也进行过一定程度的分析论证,但对宗白华家乡安庆作为"禅宗祖庭"的文化历史地位及其对安庆学人的影响,到目前为止,还没有人关注到。本著作在这方面进行了充分地发掘,以大量的事实为依据,证明了这种地域文化特色对包括宗白华在内的安庆学人的思想的深刻影响,这就为宗白华美学思想与佛学的内在联系找到了一个重要的历史文化依据,也在一定程度上为宗白华研究开拓了一条新的思路。

四、本研究的价值与意义

从佛学的角度切入宗白华美学研究,这是一个长期被学术界忽略的研究方向,因此这一研究导向,可以将宗白华美学研究在现有研究的基础上向前推进一步,将其推向一个新的研究领域,也为其他学者进行宗白华美学的相关研究提供一个新的研究视角,拓展一条新的研究思路,提供一种新的理论依据和可借鉴的新的理论观点。

本研究在阐发宗白华美学思想与佛学的关联的过程中,由于研究的需要,勾连出了现代美学史上其他一些著名美学家与佛学的思想联系作为佐证材料。在现代美学史上,一些知名的美学学者由于其深厚的传统文化功底,导致他们个人精神气质与美学思想的佛学精神比较鲜明,正如梁启超所说,"晚清思想界有一伏流,曰佛学……晚清所谓新学家者,殆无一不与佛学有关"①。回望中国现代美学史上的理论大家,如康有为、梁启超、王国维、蔡元培、朱光潜、宗白华、冯友兰、方东美等等,他们的美学思想几乎无一不与佛学密切相关,从佛学的角度对他们进行深入研究,同样是一条有价值的研究思路。因此,本著作的研究思路与方法,对于进行这些美学家及其美学思想的研究具有一定的借鉴价值。

五、本研究的主要内容及基本观点

本研究的核心观点是:在现代中国美学史上,宗白华是最具民族特色的,尽管西方和中国思想都对他产生深刻的影响,但其学术根基在中国。而中国哲学是儒道佛三位一体的,它们共同对宗白华产生深远影响,这其中佛学对宗白华的影响尤为深刻,佛学是宗白华美学思想最深的"心源"。

本研究的基本内容及具体观点如下:

(一)佛学对宗白华对西方哲学思想接受的影响研究

本章主要探讨宗白华对叔本华、康德等西方思想家的哲学思想的接受与佛教唯识学思想的关系。基本观点:(1)佛学是宗白华研究和接受西方哲

---

① 梁启超.清代学术概论[M],上海:上海古籍出版社,2000.

学思想的桥梁。（2）在宗白华研究西方哲学的过程中，佛经起到了重要的引领作用。（3）宗白华以佛教唯识学的义理、概念等来阐释叔本华的基本思想、形而上学及伦理思想和康德的世界观等问题，促进了当时的学者们对西学的理解消化，对中国现代文化启蒙起到推动作用。

（二）佛学对宗白华人生美学思想的影响研究

本章主要探讨宗白华的人生体验、人生观思想、人格追求等与佛教人生哲学思想的关系。基本观点：（1）宗白华在他最初写作的律诗中，便使用佛学术语谈他对人生之苦的认识，表达了他对佛教人生本质思想的认同。（2）宗白华所谓超世入世的人生观是他的人生观思想的形上之思，他所提出的"科学的人生观"和"艺术的人生观"是他的人生观思想的形下之用，这种体用兼备的人生观是对佛教人生观思想的实践体认。（3）宗白华所追寻的具有"超人"境界的人格理想，深具大乘佛教悲天悯人的人格精神。

（三）佛学对宗白华艺术美学思想的影响研究

本章主要探讨宗白华艺术美学思想与佛教禅学思想的关系。基本观点：（1）宗白华美学的"同情说"虽由叔本华的"伦理同情说"所引发，也受到庄子齐物哲学的影响，但其精神实质却是佛教"物我不二"的禅学精神。（2）宗白华美学的"静照说"，在一定程度上也受叔本华"静观论"和庄子"静观论"的影响，但其核心精神却是佛教禅宗的"静观""寂照"思想。（3）宗白华美学的"意境说"本质上是他的艺术境界论。在意境的生成方面，体现的是禅宗"心外无境"的境界，在意境的层深方面，与所谓"禅宗三境界"高度契合，在意境的最高审美追求方面，体现的是禅宗妙悟的境界。（4）宗白华的"流云"小诗作为他独特地审美创造，所选择的意象多为佛家常用来表现某种禅学义理、妙趣的经典喻象，宗白华借此为他的小诗创造了精妙的禅学意境。

（四）佛学对宗白华科技美学思想的影响研究

本章主要探讨宗白华有关现代技术、军事、医学等方面科技美学思想与佛学的关系。基本观点:(1)宗白华的科技美学思想是 20 世纪初中国知识分子融汇佛学的圆融智慧、思辨精神与科学理性,促进中国近代文化思想转型的总体背景下确立的。(2)宗白华科技美学思想的基本特色是:一方面崇尚科学,他的一切理论探讨均具有突出的科学主义精神;另一方面具有深刻的理性思辨智慧,对现代技术做一体两面的分析与价值评判,对其双重社会价值进行了深刻地反思。(3)宗白华以佛学的般若智慧来观照军事、医学等具体近代技术,深刻阐述了近代技术一方面为人谋利造福,另一方面又给人带来巨大伤害的双重属性。

(五)佛学成为宗白华美学思想核心精神的原因研究

本章主要探讨佛学成为宗白华美学思想核心精神的综合成因。基本观点:(1)宗白华的家乡安庆曾是禅宗的发祥地和禅宗文化的传播中心;其家学传统以儒释合璧为特色,外祖父、父亲均具有佛学思想与生活实践背景,这种地域与家族文化的浸染对宗白华产生较大地影响。(2)晚清以来许多仁人志士在佛学中发掘出经世致用的精神,以拯救中国社会与文化的危机,形成影响较大的社会文化思潮,也对宗白华产生较大地影响。(3)宗白华一生中始终不变的恬静、自然、淡泊名利、逍遥旷达的心灵意趣和生命境界的追求,是宗白华美学思想与佛学内在精神联系的深层原因。

第二章 佛学与宗白华对西方哲学的接受

　　20世纪初,中国哲学界兴起了一股康德、叔本华热,一些现代哲学的先行者们,大力推介康德、叔本华的哲学思想,其意图是向西方寻求观察宇宙、人生、社会的思想武器,以拯救中国政治、经济、文化的落后状况,寻求济世救国的良方。如王国维、蔡元培等在当时有影响的学者,都曾写过一些介绍文章,而且给予康德、叔本华以较高的评价。在这样的思想背景下,对于较早接触德国文学和哲学思想的宗白华来说,对康德、叔本华情有独钟便成为顺理成章的事情。宗白华的最初的学术研究以康德、叔本华作为主要研究对象,他的早期的学术成就也主要体现在对这二位哲学家的研究上。而宗白华对康德、叔本华的接受是以佛学为引导的,佛学,特别是唯识学,是宗白华理解康德、叔本华的理论基础,也是宗白华评价这些哲学家的价值尺度。

第一节 佛学作为宗白华对西方哲学接受的桥梁

　　19世纪末至20世纪中叶,是中华民族苦难深重的时期,也是中西古今文化思想大碰撞、大融合的时代,也是中国文化由古典向现代转换的关键时期。中国现代文化的先驱者们,以其深厚的国学根基,敞开胸襟去拥抱西方的现代思想,形成了西学东渐的热潮。他们以广博的视野、理性的精神、包容的气度,将中西古今文化融会贯通,创建了具有鲜明时代特征和民族特色的中国现代哲学。宗白华作为中国现代美学的先驱者之一,其美学思想即建立在深厚的哲学理论基础之上,同样是古今中西哲学思想融会创新的结果。

一、时代的感召

宗白华的美学研究从叔本华、康德等西方哲学的研究与接受开始。而在宗白华对叔本华、康德等西方哲学思想的接受和阐释过程中,佛学起到了重要的桥梁作用。

宗白华以佛学阐释叔本华、康德等西方哲学思想,有其深刻的历史和时代的文化背景。

首先从历史的角度看,佛教自东汉传入中国,历经了两千年的发展历程,经过初传、融入、鼎盛、渗透几个阶段,早已融入中国文化的各个领域,渗透于中国人的思想、学术之中,使得这一原本是外来的文化思想,融化成本土文化的有机组成部分。毋庸讳言,在世俗的层面,佛教已异化为迷信的信仰,世俗大众多以顶礼膜拜佛菩萨,希求福田与瑞应为最终目标,给佛教带来许多诟病。而在文化思想领域,佛教的价值、意义却是无可替代的。佛教与其他宗教相比,最突出的特征之一是其具有高度的理性思辨的哲学精神,所以,佛教的义理——佛学,不是神学,而是哲学。回顾中国文化思想史,佛教从初传至鼎盛时期,中国的思想家多出佛门。隋唐以后,中国的文化思想不管如何打着儒道的旗号,也都无法与佛学思想完全剥离。要么外儒内佛,要么庄禅并举,形成儒道佛既三足鼎立,又相即相入的文化思想格局。佛学思想经历了长期的融合渗透,早已融入中国人的思想意识之中,成为中国人认识宇宙人生、社会生活、学术思想的内在尺度。

其次从时代的角度看,佛教经过明清之际的世俗化沉潜之后,在19世纪末20世纪初,却迎来了一次伟大的复兴:

道咸以降,国势陵夷,知识阶层早已失去附庸风雅、浅斟低吟的宣政风流,更无咸加海内,歌舞升平的康乾雄姿。年少气盛之士无不疾首扼腕,倡言变法。然固有之旧思想,寻章摘句,为六经之奴婢;传入之新思潮,来源浅觳,与传统心理格格而不相入,均不足以承担救亡图存之重任。于此"学问饥荒"之时,所谓新学家者无不祈向佛学,欲冶中西、儒佛、新学旧学为一炉,构成一种"不中不西,即中即西"的新学问,因此,而把佛学变成与当时社会思潮谐振的愤世嫉俗的慷慨悲歌。①

可见晚清佛学的复兴,本质上乃是拯救民族危亡,挽救文化危机的时代需要。这一时期的中国佛学由出世而转向入世,以其彻底的否定精神和批判意识、众生平等的思想和普度众生的救世情怀,适应了救亡图存的时代潮流。佛学为当时的学者们认识世界、把握人生、透视社会、构建理论学说提供了有效的思想基础、思维方法和理论源泉。

20世纪初的西学东渐热潮,给中国学者送来了德国的两位大哲康德、叔本华,在中国思想界形成了一股康德、叔本华热,一些现代哲学的先行者们,开始大力推介康德、叔本华的哲学思想。当时有影响的学者,很多人都曾写过一些介绍文章,并且给予康德、叔本华以较高的评价。

康德、叔本华哲学作为西方近代哲学的最高成就被引入中国,对于中国学者来说,他们的哲学思想广博深奥,一时难以理解消化。但一些学者却在弘深而睿智的佛学中发现了通向康德、叔本华的绝佳之路。麻天祥在评价近世学者时说过:"梁启超的《近世第一大哲康德之学说》,将康德哲学与中国的佛学和阴阳心学连类贯通,认为'康德哲学,大近佛学','其言空理,也似释迦',其'从事于内','直搜讨智慧之本原,穷其性质及其作用'的理性思辨,和'佛氏穷一切理'的唯识之义尤其能互相印证",又说"严复所译之《天演论》与《穆勒名学》等著作中,多采用佛学之名词,而且于书中直接附论佛学思想"。② 还有王国维、蔡元培等当时著名学者,也曾先后著文介绍

① 麻天祥.20世纪佛学问题[M].长沙:湖南教育出版社,2001:3.
② 詹志和.中国近代文化思潮中的佛教复兴//麻天祥.佛学百年[C].武汉:武汉大学出版社,2008:49—50.

康德哲学。他们几乎都在不同程度上借助于佛学理论或概念来阐释康德哲学。可见在这一过程中,佛学以其高度的理性精神和圆融的哲学智慧,成为沟通融会中西文化思想的桥梁。

正是在这一文化思潮的背景下,宗白华以其深厚的佛学修养,激情澎湃地展开了他的康德、叔本华等西方哲学的研究,并以佛学为参照,阐释他对康德、叔本华的理解和评价。这成为他对西方哲学研究接受的一大突出特色。

二、佛经的引领

宗白华对叔本华、康德等西方哲学思想的研究,直接得力于佛经的引领。他在1923年写的《我和诗》一文中,曾对此做过这样的回忆:

秋天我转学去了上海同济,同房间里一位朋友,很信佛,常常盘坐在床上朗诵《华严经》,音调高朗清远有出世之概,我很感动。我欢喜躺在床上瞑目静听他歌唱的词句,《华严经》词句的优美,引起我读它的兴趣。而那庄严伟大的佛理境界投合我心里潜在的哲学的冥想,我对哲学的研究是从这里开始的。庄子、康德、叔本华、歌德相继在我的心灵天空出现,每个人都在我的精神人格上留下不可磨灭的印痕。"拿叔本华的眼睛看世界,拿歌德的精神做人",是我那时的口号。①

《华严经》是印度大乘佛教的重要经典之一,被认为是佛法的总纲,它以其广大而深微的义理,构建起整个佛教哲学的理论框架,在佛学领域具有至高的地位。其最主要的理论学说是"法界缘起"论。这一理论的基本思想是宇宙万法都是从如来藏清净心所生,所谓"万法唯心",且世界的一切现象又是无限广大而又相互包容的,既有个体的区分,又相互融为一个整

---

① 宗白华.宗白华全集(二)[M].合肥:安徽教育出版社,2008:150—151.

体,"一即一切,一切即一","理事圆融",认为这就是世界万法的"实相",即本来面目。可见《华严经》实际上探讨的是宇宙人生的本质这一哲学的根本问题。《华严经》对中国文化思想的影响巨大而深远,"千百年来,我们在用本民族固有的儒家、道家两种精神潜流交织而成的'前见'创造性地理解和接受这部佛法总纲的过程中,拓展了视野,提升了精神境界,获具了一种以奉献和牺牲为要义、人我并臻自由和幸福的大乘气象,使我们的民族精神达于恢宏、睿智和圆融,深刻地表明了《华严经》对中华民族心智的奇异启示力量,以及我们固有的文化在吸纳异域文化时显示的强大包容与创化能力"①。这虽然是现代学者对《华严经》的认识,其实也可以成为宗白华之所以被《华严经》所吸引,进而走入哲学领域,乃至走入康德、叔本华、歌德的世界的有利旁证。掌握了《华严经》所阐释的深邃哲理,自然能开启人对宇宙人生进行体察分析的圆融智慧,这就是《华严经》之所以能够引导宗白华进行叔本华、康德哲学研究的主要原因。

我们目前还没有足够的资料证明宗白华对《华严经》的熟悉掌握程度,但作为具有深厚国学休养的宗白华,明了华严意趣是完全说得通的。再者,20世纪初的佛学复兴,主要是唯识学的复兴,而《华严经》正是唯识学所依据的重要经典,所谓世界万物"唯心所现,唯识所变"之语即出自《华严经》。因此,"华严宗的思辨则是这一时期一些人用来构建理论的工具",众多缁素大德纷纷学习阐扬,如宗白华的好友,哲学家冯友兰、汤用彤等,也都是深谙华严学的学者。② 宗白华在这样的学术氛围中,能够比较深入地掌握华严义理是很顺理成章的事情。

因此说,是《华严经》这部伟大的佛学经典引发了宗白华对哲学的浓厚意趣,开启了宗白华对康德、叔本华哲学深入研究的哲学智慧。

---

① 桑大鹏.三种《华严》及其经典阐释研究[M].武汉:华中师范大学出版社,2007:2.
② 黄夏年.20世纪的华严学研究//麻天祥.佛学百年[C].武汉:武汉大学出版社,2008:14—15.

第二节　唯识学与宗白华对西方哲学的阐释

一、对叔本华哲学的佛学阐释

宗白华公开发表的第一篇哲学论文就是介绍叔本华的《萧彭浩哲学大意》一文,该文对叔本华的哲学思想进行了简明扼要地阐释。仔细分析,宗白华对叔本华人生哲学的阐释,处处以佛学义理为依据。

(一)宗白华以佛教唯识学的基本义理为依据,介绍和阐释叔本华唯意志论哲学的基本思想

唯识学本是印度大乘佛教瑜伽行派的学说,是佛教认识宇宙人生真实本质的基本理论。唯识学认为世间万物(法、境)都是由众生之"识"变现出来的。万物由于是"识"所变现,所以并无实体,只是幻相,其本性是无(空);由于"识"能变现万物,所以"识"是有,提出"万物(法)唯识""识有境无"的理论主张。唯识学所谓的"识",带有极强的本体论色彩,它并非我们现在常说的精神、意识,而是宇宙万有的本源,也是众生轮回转生的主体,这是唯识学的宇宙观和人生观。

在宗白华看来,叔本华的唯意志论与佛教唯识学的基本义理很有相似之处。叔本华把意志看成世界的本体,把宇宙万物(包括人的身体及身体的行为)都看成意志的表现——"世界是我的表象",进而得出世界的本质是空幻不实的结论。宗白华正是把握了这一点来理解和阐释叔本华的。他如此概括叔本华《世界唯意志论》(即《意志和表象的世界》)的大意:

其言曰:唯心唯物,皆坠独断。盖心外无物,物外无心,心物二者,成此幻相,心不见心,无相可得,不生心则无自相。而超乎心物两者之上,立于两相之后,发而为心(按此心字,当识字意),因而见外物者,厥

唯意志。①

本段出现的最多的是"心"字，宗白华是在两个意义上来使用它。一个是在唯心、唯物的二元对立的基础上使用的，指的就是人的精神、意识，这应该属于叔本华所谓的人的身体的行为（即人的大脑的思维活动）的范畴。另一个则是唯识学所谓"识"的代名词。为明此意，宗白华在文中专门加了括号进行说明。在宗白华看来，佛学所谓的"识"与叔本华所谓的"意志"在本质上基本是一致的，它是"超乎心物两者之上，立于两相之后"的万物之本源，万物皆是"唯识所见"的"幻相"。于是，宗白华将"唯识"与"唯意（志）"并举，并直接用"唯识"释"唯意（志）"：

> 世界唯意志之说，可以立意志为本体，此世界，乃现象，心与物所幻成，唯识所见，故曰世界唯意、唯识。此世界唯意识之大意也。②

（二）宗白华依据佛学"真妄不二"的哲学思辨，来阐释叔本华的形而上学

宗白华对叔本华形而上学的阐释，从批判庸俗唯物主义切入：

> 欧洲独断学派，或主唯心，或崇唯物……皆言之成理，持之有故，不能相容，然皆非了义。唯物者，究无以解心，况世界形象，皆五官所觉，官变则觉相亦变，譬如病目，见空中华，空实无华，以目病故，物之真体，岂即同我见……虽然，离物亦不能见心，谓外物皆妄，此心是真，亦不可立……我人睡眠时，幻梦不再，则思想不在，世界何在耶？（按：佛经言，六识有时不成）③

---

① 宗白华. 宗白华全集（一）[M]. 合肥：安徽教育出版社,2008:3 页.
② 宗白华. 宗白华全集（一）[M]. 合肥：安徽教育出版社,2008:4.
③ 宗白华. 宗白华全集（一）[M]. 合肥：安徽教育出版社,2008:5—6.

宗白华的论述首先引用了佛教著名的四大譬喻之一的"病目空华喻"。"病目空华喻"出自佛学重要经典《圆觉经》："一切众生从无始来，种种颠倒，犹如迷人，四方易处，妄认四大为自身相，六尘缘影为自心相，譬彼病目，见空中华及第二月……空实无华，病者妄执。"《圆觉经》此喻，旨在说明人类由于自身的迷执而导致对现实世界产生错误的认识，宗白华直接融"病目空华喻"于论证说理之中，解说人类眼中的物质世界（即叔本华所谓"世界形象"），阐释其虚幻不实的道理。为了加强说理的力度，宗白华还以现代科学实例——太阳光色谱分析与人视觉中的阳光的差异，人眼视网膜成像与人视觉中的物象的差异等为据，进一步从科学的角度进行了证明。

对于唯心论强调的那种以"思想为宇宙间唯一之真"的论断，宗白华仅以睡眠不梦时"思想不在"为据，推导出世界亦不在的荒谬结论，轻而易举地否定了它的合理性。这样的推导尽管有些牵强，但它的价值却在于阐明了宗白华对唯心主义的基本认识。而这一认识的依据仍然是佛学义理，这体现在宗白华行文中的注释"按：佛经言，六识有时不成"中，"六识"是佛教唯识学术语，宗白华此言并非佛经原句，而是对佛经中"六识"思想的概括。佛经中经常谈及的"六识"为眼识、耳识、鼻识、舌识、身识、意识。佛教认为，前五识是人体的五种感官接触外境产生的分别、判断、认识作用，"意识"则是我们所说的思想、精神之意，它虽不受具体感官和外境的限制，十分活跃，但有时也有断绝不起的时候，因而它不能被认定为生死相续之本源，即不是世界之本体。于是，宗白华得出唯心论以人的思想意识为本体也不过是不实之妄见而已。这样，宗白华以独特的方式证明了庸俗唯物论和唯心论"皆非了义"，明确指出了其不彻底性。

既然唯物、唯心都是虚妄不实的错误认识，这就必然带来一个结果："然则，世界真理，吾人真体，终不得而知耶"？于是，引出叔本华的形而上学：

萧彭浩曰：宇宙究竟之体，不可思议。而现成此世界者，可得而察也。世界现象，固虚妄矣，而妄依真现，我身虽为色相，其中之真，不可灭也……总名之曰：意志……此意志者，无知之欲……此欲一动，乃现此世，吾人一身，即此意志之现象也。①

事实上，宗白华在对唯物论和唯心论的批判中，已经将思维建立在了"真"与"妄"的哲学思辨的基础上。"真妄不二"本是佛教唯识学认识论思想，涉及对世界本质的基本看法。真，即世界之本体；妄，即世界之现象。佛教认为，世界万法（现象）"唯心所见，唯识所变"，因而万法皆妄，但真依妄存，妄依真现，二者是一而二、二而一的，这就是世界的真相，或者说是世界的本质规律。这一思想，直接影响了宗白华对叔本华的理解。在宗白华看来，叔本华就是以"意志"为真，以"世界现象"包括"我身"为妄，后者即是前者"动"的结果，同样是一而二、二而一的，这就是叔本华对世界本质的基本认识。

（三）宗白华以佛教的拯救精神来阐释叔本华的人生观及伦理

依萧彭浩形而上学观察，则其人生观，自不得不悲。一切意志，唯是求生。但此欲无尽，可暂止而不可永息。有所欲者，以有所缺，有所缺而不得，则苦；既得，则为时不久，又觉无聊，无聊亦苦……人之一生，往来于苦与无聊间而已。②

叔本华是西方思想家中受佛教影响较大的一个，在他的理论著作中，可以明显地看到佛学思想的痕迹。人生的本质是苦，造成人生痛苦的最根本的原因之一是人的贪欲，人的贪欲是无止境的，因此，人生之苦也是永无停息的，这是佛教对人生的最根本的认识，是极具悲观主义精神的，叔本华的人生观与之如出一辙。宗白华显然在叔本华的思想中看到了这一点，所以

① 宗白华.宗白华全集（一）[M].合肥：安徽教育出版社,2008：6.
② 宗白华.宗白华全集（一）[M].合肥：安徽教育出版社,2008：8.

他的阐释简洁明了。

那么，人又如何摆脱痛苦呢？"萧彭浩伦理，本以消灭意志，直趋涅槃为正鹄，唯此境不易到，故颇喜说天才"，这是因为，"唯至天才，知识发达，超过常度"，故能"不为意志所用"，能"忘却小己"，"不动于心，不生私念"，而"有益于世"。叔本华的"天才"概念，内涵十分丰富，宗白华则突出了天才的"恻隐之心，大悲之念"，赞赏其"悲悯众生，慈悲救世"的拯救精神，强调"无限之同情，悲悯一切众生，为道德极则"，直至达到"意志完全消灭，清净涅槃"的最高境界。不难看出，在宗白华看来，叔本华伦理思想的最高典范，就是佛教的拯救精神。① 宗白华对叔本华哲学思想的评价，以佛学为最高价值尺度。对于叔本华的哲学思想，宗白华直截了当地做出这样的评价："继康德而起者多人，而萧彭浩最为杰出。造《世界唯意识论》，人谓此书，集欧洲形而上学之大成，其意尤与佛理相契合。"在对叔本华的"世界唯意志之说"进行了唯识学阐释之后，宗白华再一次强调其思想"含义闳深，颇契佛理，且一切取证于科学，以发阐其形而上之理，今之唯物学派所不能难也"，继而又赞叹道："吾读此书，抚掌惊喜，以为颇近于东方大哲之思想，为著斯篇焉。"② 由此可见，宗白华对叔本华唯意志论哲学思想的阐释，是以佛学为最高价值尺度的。

综合上述，佛学实际上成了宗白华接受和阐释叔本华的一把金钥匙，在宗白华"拿叔本华的眼睛看世界"的背后，其实是拿佛学的眼睛来看叔本华的。

二、对康德哲学的佛学阐释

宗白华最初对康德哲学的接受，也是拿康德哲学来比附佛学。如他认

---

① 宗白华.宗白华全集(一)[M].合肥:安徽教育出版社,2008:8—9.
② 宗白华.宗白华全集(一)[M].合肥:安徽教育出版社,2008:3—5.

为"康德哲学已到了佛家最精深的境界"①。"康德书中,最精两语,即是说一切诸法,具有形下实相(对形而下之心言),而同时为形上虚相(对形上之心言),事理无二,几于佛矣。""佛家性宗谓诸法即空即假即中。与康德之意,不谋而合。东西圣人,心同理同,此之谓欤!"②

(一)宗白华对康德的研究,几乎伴随了他一生的绝大部分时光

宗白华对康德的研究也开始于"五四"时期。1919 年 5 月发表于北京《晨报》副刊《哲学丛谈》上的两篇论文《康德唯心哲学大意》和《康德空间唯心说》中,1919 年 8 月在《少年中国》上发表的《哲学杂谈》,1919 年 10 月在《时事新报·学灯》上发表的《欧洲哲学派别》中,都有专节对康德哲学进行介绍。这一时期虽然是宗白华接触和接受康德哲学的初期,但他在康德哲学研究方面的学术成就却是十分令人关注的,甚至受到了在中国学术界声名煊赫的大学者胡适的重视,以至于在一次少年中国学会聚会上,胡适说:"要见见研究康德的宗白华老先生。"当看到宗白华如此年轻时,胡适不禁大吃一惊③。这足以说明宗白华早期的康德研究的成熟和他所取得的成就。

在 20 世纪的三四十年代,宗白华虽然没有发表专门的康德研究的文章,但宗白华在中央大学先后开设了多门哲学、美学课程。他的课程是十分受学生的欢迎的,几乎堂堂爆满,给学生留下十分深刻的印象和影响。这其中就有一门课程是《康德哲学》④,可惜的是由于当时的资料都已散失,我们现在已经无法知道该门课程的具体内容,但作为一门课程在大学的课堂上讲授,我们也可以根据常理推断出是对康德哲学的系统介绍。有意思的是,据学生回忆,宗白华上课时经常带一尊佛像上课堂,并对学生们说这尊佛像低眉瞑目,安静慈祥,代表了佛教的慈悲精神。20 世纪 60 年代,他在《美学史》中有专节关注康德的美学思想,对其进行分析与批判;继而在《新建设》

① 宗白华.宗白华全集(一)[M].合肥:安徽文艺出版社,2008:101.
② 宗白华.宗白华全集(一)[M].合肥:安徽文艺出版社,2008:13—14.
③ 邹士方.宗白华评传[M].香港:香港新闻出版社,1989:15.
④ 邹士方.宗白华评传[M].香港:香港新闻出版社,1989:92.

杂志上发表了《康德美学思想评述》，全面系统地介绍了康德的美学思想，此外，这一时期宗白华还翻译了康德的《判断力批判》。

不难看出，从"五四"时期到20世纪60年代，康德研究几乎伴随了宗白华绝大部分的学术生涯，康德哲学对他的学术思想的影响可想而知。这里则以宗白华早期关于康德哲学的研究为内容，探讨宗白华如何借助佛学对康德哲学接受的问题。

（二）宗白华对康德哲学的阐释，也是借助于佛教唯识学的理论与概念来进行的

佛教唯识学的核心理论就是世界唯心、万法唯识，佛教以此来解释对世界的看法，阐释世界的本质，这是一种纯粹的唯心主义哲学观和世界观。正是在这一核心问题上，宗白华看到了康德哲学与佛学的相通性。宗白华早在1917年发表的《萧彭浩哲学大义》中这样评价康德哲学："学者曰：欧洲哲学，两千馀年，自希腊以逮今世，一唯心唯物之争而已。尚智之士，明道之唯，不入唯心，则趋唯物。所谓时代之精神，不外唯物唯心两学派之伸绌。此争绵绵，未有已时。洎至晚近，德国大哲康德出，倡空时因果先天之说。唯心主义，为之文明。"① 在1919年发表的《康德唯心哲学大义》中，宗白华再一次评价康德哲学："康德哲学，实汇两派之精义，以建立其最高唯心之理，体大思精，包罗万象。唯物、唯心两派，实含摄其中。存其真义，去其偏执，破收并行，以成康德，证据坚确，千古不易之唯心哲学。"②

宗白华认为，康德哲学的要义在于从先验思想出发，区分人的感性直观能力和先天知性能力："康德分别两种心相，一曰形而下心相，二曰形而上心相。色声香味触者，形而下心之所取相也……物质世界运动迁流，占据时间空间，立于色相世界之后者，形而上心之所取相也。"

对于康德所谓"形而下心相"，宗白华进一步解说："吾人直觉所感，色为眼识，声为耳识，香为鼻识，味为舌识，触为身识，此皆直觉所得。然此等

---

① 宗白华.宗白华全集（一）[M].合肥：安徽文艺出版社，2008：3.
② 宗白华.宗白华全集（一）[M].合肥：安徽文艺出版社，2008：11.

色相,皆主观唯心。物之自相,不如是也。色之自相,为伊太运动;声之自相,为空气往来;香味自相,质点分析;感触自相,元子变化。故所谓色声香味触者,主观之变相也。"在这里,宗白华使用了多个唯识学概念。佛教唯识学有六根、六尘、六识等概念。所谓六根,即眼耳鼻舌身意,其中前五者是人的视觉、听觉、嗅觉、味觉、触觉五种感觉器官,意是指人的内心,实际是人的思想意识。根有能生之意,也就是说六根能生六识;六根所认识的对象叫六尘(也叫六境、六处),即色声香味触法,是六根所能感之对象;六识指六根接触六境而产生见、闻、嗅、味、觉、思的了别作用,称为眼识、耳识、鼻识、舌识、身识、意识(也称心识)。佛教认为,六根、六境、六识,共同构成了和人身相统一的宇宙万有的基本要素。宗白华在此很好地实现了佛学和现代哲学术语的转换,将感性、直观这些抽象的现代哲学术语,变成了国人所熟知的概念。

对于康德所谓"形而上心相",宗白华这样解说:"物质世界立于色相世界之后,不可接知,但可谟之。(接知、谟知,出自庄子。接知者,五官直接所闻见者也。谟知者,思维推度而知者也。佛经名为现量、比量二境)其体相用,皆吾心中比量推度所成。仍是唯心之相,科学所取物质世界,仍不出吾心中为心识所变之假相而已……况物质沦于空间,迁变于时间……无有体相可得,亦是唯心假相。"[①]此处宗白华虽然引用了庄子的"接知""谟知"两语,但接着还是引出了佛学"现量""比量"二语进行比照。现量、比量皆佛教新因明学重要词汇。现量指的是由人的认识器官直接与外部客观世界相接触而获得的知识,即感觉知识;比量指的是由人的思维推论、类比所得到的知识,即类推知识。而其中的"体相用"也是佛教解释世间万物的重要思维方法。佛教将世间万物从体相用三个角度进行分析,所谓"体"是指事物的本体、性质,世间"万法皆空",空是事物的本性;"相"是指事物的现象,万

法本体虽空，但当因缘条件具足时，就现出一切现象、相状来；"用"是指事物的功用、作用，万法虽空，但随其所呈现之相状，会各有不同的作用力。宗白华借助这些术语和思维方法，进一步阐明康德所谓形而上心相即抽象的"物质世界"，不过也是"唯识假象"的本质。

在此基础上，宗白华对康德唯心哲学和欧洲其他唯心哲学进行了区分："故康德唯心主义，与欧洲昔日之唯心哲学大相径庭。昔之唯心家以宇宙是形而下心之思想，故形而下心乃是真境。昔之唯心家以身外之世界为空花水月，全无实际，而执内心，思想实有，且常存不灭。康德哲学则以外界物相与内界心同一真实无妄，同一生灭无常，然以理推求，心物皆非宇宙实相，皆是唯心假相所见。"也就是说，宗白华认为，康德与其他唯心哲学的不同之处在于，从现象上看，形而上心相同形而下心相一样，都是"同一真实无妄"，"同一生灭无常"的客观存在；而从本质上看，二者又都是主观唯心之假象。在这一层面上，宗白华再一次发现了康德与佛学的相通之处，所以，他不仅用真妄、生灭、无常等佛学术语进行解说，而且在文中还做了这样一个注释："佛家性宗言有无名言，但言世俗谛有，第一义谛无。"[①]"相宗"与"性宗"，是中国大乘佛教对各流派的另一种划分。相宗又称法相宗，其教义重在分析事物和现象的相状、性质，强调诸法差别之相，唯识宗即属相宗。性宗又称法性宗，其教义重在阐述"法性"为一切事物的自体、体性，天台宗、华严宗、三论宗、密宗等，即属于性宗。佛家性宗为了说明自己的有无观，提出真俗二谛的理论。谛，有认识、标准、真理等意思。真谛，又称胜义谛，第一义谛，是对世间的真理——事物本性的认识；俗谛，又称世谛、世俗谛，是对世间的真理——事物的现象的认识。性宗的基本观点是：世间万物在世俗谛上看是有，在第一义谛上看是无（空），将二者统一起来认识世界，就是中道实相，即所谓诸法即空即假即中。宗白华正是在这个意义上来认识和阐释康

---

① 宗白华.宗白华全集（一）[M].合肥：安徽文艺出版社,2008:13.

德的。

有意思的是,宗白华用佛学如此诠释康德之后,似意犹未尽,在文后又加了一段按语,"椆按:康德所言,形而上心,与佛家相(疑为"相宗"——笔者注)所说第八识分齐颇相似。第八识内变根身,外变器界,根身即康德之形而下心,器界即今之物质世界。形而下心及物质世界,皆康德形而上心之行相也……"①佛教所谓第八识,又名阿剌耶识,即在六识的基础上,又加上末那识、阿剌耶识二识。阿剌耶识是梵语,译为藏,即含藏一切诸法的种子的意思,佛家相宗的观点,认为阿剌耶识是宇宙万有的本源。宗白华在正文中已依据佛家性宗的观点阐明了康德所谓形而下心相和形而上心相共同的相有性空的特性,在这里还想依据佛家相宗的观点,进一步阐述形而下心相和形而上心相之间的有与无、现象与本质的关系。如果真的按照这个思路继续写下去,依据相宗"万法唯识""识有境无"的观点,宗白华也许会得出另一结论:康德所谓形而下心相为无,为空,为假,形而上心相为有,为真,这岂不出现了自相矛盾的结论! 其实,这正是宗白华以佛学解康德的一个很好的证明。这一推论得出的矛盾,不是宗白华自身的矛盾,而是佛学性宗与相宗理论观点之间的相互矛盾。由此可见,宗白华不仅对佛学理论深谙熟知,而且可以游刃有余地从不同的角度理解和阐释康德。

宗白华以佛学阐释叔本华、康德等哲学思想,具有极其重要的学术意义。

首先是促进当时的学者们对西学的理解消化,推进中国现代文化启蒙。宗白华所处的时代,正是中国社会大动荡大变革的时代,一些先进知识分子为了救亡图存,探寻中国的出路,在近代西学东渐的历史潮流中,大力引进西方哲学社会科学,在文化观念层面,推进中国近代的思想启蒙。但对于在几千年连绵不断的文化传统中成长起来的中国知识分子来说,要想理解西

---

① 宗白华. 宗白华全集(一)[M]. 合肥:安徽文艺出版社,2008:14.

学,是非常困难的一件事。在这种情况下,一些"好佛学"的"趋新之士大夫"们,在佛学复兴的思潮中"恍然大悟",他们深刻地认识到,"要想理解西洋思想,原来看上去不大好懂的梵典佛经倒是一个很好的中介……用已经理解了的佛学来理解尚未理解的西学,的确是一个好办法"①。于是,"佛教文化在中国近代的众'学'喧哗,也即'中学''西学''新学''旧学'冲突纷争的文化过渡和文化转型时代,既以海纳百川的胸怀充当了缓和众'学'冲突的'调停人',也以居高望远的识见成了'西学''新学'的促进者……成为引渡'西学'的慈航,化解了彼时的'中学''旧学'坐井观天却夜郎自大的虚骄和讳疾忌医的苦涩……使'西学'加强了'东渐'的势头,在促成中国文化由近代文化向现代文化的转型中发挥了舟楫桥梁作用"。宗白华是继晚清王国维之后的十年里第一个介绍叔本华的学者,对于"唯心""唯物""唯意志""形而上学"之类的哲学术语,当时大多数知识分子十分陌生,宗白华以当时人们所熟悉的佛教唯识学思想巧妙地进行了转换和诠释,这样就做到了化繁为简,化生僻为浅近,加速了人们对叔本华哲学思想的理解和认识。尽管宗白华的转换和诠释还有不尽如人意的地方,但站在今天的立场来评价宗白华当时的努力,其价值更多地应该体现在消除中西隔阂,在中西之间实现一种"文化意义上的'平衡整合'和'继往开来'"②,这无疑在促进人们对西方现代思想的接受与消化,加速当时的文化启蒙等方面,起到了一定的推进作用。

其次是融会中西方文化思想,推进中国现代哲学理论体系的建立和发展。宗白华在《中国青年的奋斗生活与创造生活》一文中曾经说过:

我们现在对中国精神文化的责任,就是一方面保存中国旧文化中不可磨灭的伟大庄严的精神,发扬而重光之,一方面吸取西方新文化的

① 葛兆光.中国思想史(二).上海:复旦大学出版社,2000:653.
② 詹志和.中国近代文化思潮中的佛教复兴//麻天祥.佛学百年.武汉:武汉大学出版社,2008:49.

菁华,渗合融化,在这东西两种文化总汇基础之上建造一种更高尚、更灿烂的新精神文化,做世界未来文化的模范。[①]

这段话给读者展示的是,宗白华和他那个时代的许多进步知识分子一样,对民族文化具有天然的使命感和极强的担当精神,视续民族文化之慧命为己任。宗白华积极参与到引进西学的潮流中,其根本目的是在向西方寻找一种新的思想武器,以弥补我国固有思想之缺失,在中西合璧、融会贯通中,建构中国现代理论体系,为国人寻找一种观察宇宙人生、社会生活的新思想,以建立新的中国现代文化精神。宗白华以佛学诠释叔本华,是为实现这一目标而进行的实际努力。尽管这一努力还只能说是初步的,但正像当代学者楼宇烈所说:"在中国近现代佛教史上,佛学与外学的'融合',真可谓是领域广泛,缤纷多彩……这种融合,推动了中国近现代佛学和哲学的发展,形成了中国近现代佛学和哲学的许多特点。"[②]回望中国现代哲学史上的理论大家,如康有为、谭嗣同、梁启超、章太炎、王国维、吕澂、冯友兰、熊十力、方东美、汤用彤……其学术思想无一不是融西学与佛学(当然也包括其他中国思想)于一体构建起来的新体系,展现出中国现代哲学特有的精神面貌。

由此可见,宗白华的努力,在一定程度上引领了那个时代哲学发展的方向与潮流,推动了中国现代哲学理论体系的建立和发展,代表了中国现代哲学以及美学的基本面貌和特征。

---

① 宗白华. 宗白华全集(一). 合肥:安徽教育出版社,2008:102.
② 楼宇烈. 中国佛教与人文精神[M]. 北京:宗教文化出版社,2003:190.

第三章　佛学对宗白华人生美学思想的影响

　　1920 年去德国留学之前,正是宗白华的哲学探索时期。这一时期宗白华的学术探讨,不仅有对西方哲学的推介,也有对社会人生问题的探讨,其中关于人生问题,是他探讨最多、最深刻、最重要的内容,成为他人生美学思想的基础与核心。宗白华的人生美学思想,当然受到了来自于康德、叔本华、歌德、柏格森等西方大哲的不同程度的影响,留有他们鲜明的思想痕迹。但是,正像前章中所说,宗白华对西方哲学的接受是以佛学为桥梁,以佛学为参照的,佛学在宗白华接受西方思想的过程中其实发挥着精神核心的功能,这已经注定了宗白华人生美学思想与佛学不可分割的内在联系。而在宗白华对人生问题的直接探讨过程中,佛教人生哲学仍然是他人生美学思想的灵魂。

第一节　佛教人生哲学与宗白华对人生本质的体认

　　翻开《宗白华全集》第一卷,第一篇文字就是《律诗四首》,其写作的时间是 1914 年的 1 月至 2 月间,是宗白华当年游浙江上虞东山寺时所作,是年宗白华仅仅 17 岁。这是我们现在所见到的宗白华最早的文字。后来,他认为写作旧体诗影响了自己情绪的表达,使自己显得老气横秋,便改写新体诗,并取得了骄人的成绩。但在这仅有的四首格律小诗中,我们仍然能够从中看到宗白华过人的才气和与众不同的人生境界,其中渗透着鲜明的佛学思想。

一、汪辟疆对宗白华律诗的佛学精神的发现

宗白华的《律诗四首》由宗白华的好友汪辟疆刊于 1944 年 8 月重庆出版的《中国文学》第 1 卷第 3 期。这四首律诗虽然 1947 年被收入宗白华的诗集《流云小诗》中,但严格地说,这只能算是他的流云小诗的前奏,它们的价值和影响,更多地体现在对宗白华心灵深处佛学素养的揭示上。

汪辟疆刊发此诗时,在诗后题记中说:"白华以《流云》蜚声艺坛,世多知之。然其律诗之工,世人不能尽知也。"他还欣然和诗云:"笔砚从今定可烧,登台作赋枉君苗。扁舟载梦来青嶂,好句摩云动碧霄。独契灵源归妙谛,细参回味累终朝。何时换骨寒灯下,待向丹元问郁寥。"[①]

汪辟疆所和之诗乃宗白华《律诗四首》中的最后一首《赠一青年僧人》,该诗云:

> 师是丹霞佛可烧,我从火宅识灵苗。
>
> 濠梁始信鱼知水,松岭今看鹤在宵。
>
> 汩汩寒潮注江海,微微尘梦续昏朝。
>
> 云霾月黑三千界,天谴斯人慰寂寥。[②]

从汪辟疆的和诗中我们可以看到,汪辟疆所赞叹的,不仅仅是宗白华的"好句摩云",更是宗白华的"独契灵源归妙谛"。"灵源"本是从道家语"灵根"衍化而来,汉杨雄撰《太玄经》中有"美厥灵根"之语,注云:"灵根,道德也。"唐代石头希迁禅师五言诗《参同契》中,衍化为"灵源明皎洁,枝派暗流

---

① 宗白华.宗白华全集(一)[M].合肥:安徽教育出版社,2008:1.

② 邹士方.宗白华评传[M].香港:香港新闻出版社,1989:15.

注"，用以指理、心，即本体，也就是"法性"，被视为光明皎洁、无所不在的万法之源。所谓"妙谛"，本意为精妙之真谛，后来成为佛家常用语，用以指代佛法所说的真理。汪辟疆在此借用这两个特色鲜明的词语，明确指出了宗白华此诗与佛法的独到契合，的确是一语中的。

汪辟疆是宗白华律诗佛学精神的第一个发现者，这一发现是极具学术价值的，它对我们今天理解领会宗白华美学思想与佛学的渊源关系，具有重要的引导意义。可惜的是，后来的研究者对此多视而不见，因而在一定程度上，也影响了对宗白华美学思想的深入理解。

二、宗白华人生之苦的生命体验

《赠一青年僧人》是宗白华的律诗四首中佛学色彩最为鲜明的一首。诗的起始句化用了佛教禅宗的一个著名的公案——丹霞烧佛，借以表达宗白华对青年僧人的赞许。

丹霞禅师本是唐代的一位禅门高僧，法号天然，以曾驻锡南阳丹霞山得名。据说唐宪宗元和年间，丹霞禅师来到洛阳龙门慧林寺。正值冬天天气寒冷，禅师想烤火取暖，可是院内别无他物，禅师便把殿里的木佛像拿来烧了。院主一见大惊："这是佛像，你怎么敢烧呢？"禅师不慌不忙地说："我在烧取舍利子。"院主没好气地说："木佛哪有舍利子？"禅师道："既然没有舍利，那就再弄他两尊来烧！"[1]在禅宗的历史上，一些悟道的禅师们往往有惊世骇俗的特异行径，超出一般的逻辑思维，其目的在于借此棒喝世俗成见。丹霞禅师的行为提示人们，在一个悟道者心中，佛像只是个象征，它的意义只是让懵懂的芸芸众生有个具体的认知实物，它的价值不在物本身，而在物的象征意义。若只执着于象征的事物，却忽略了其内在深意，这就成了一种执着，那么你便永远无法体会到佛法所带给我们的感悟。历代禅门公案所

---

① 王德胜.散步美学[M].郑州:河南人民出版社,2004:28.

最常揭示的道理,也就是要人破除迷惑,见到真正的佛性。

诗中宗白华还引用了《庄子·秋水》中濠梁观鱼的典故。庄子和惠子一道在濠水的桥上游玩。庄子说:"你看这鱼游得多么悠闲自在,从容不迫,这就是鱼儿的快乐。"惠子说:"你不是鱼,怎么知道鱼的快乐呢?"庄子反问道:"你不是我,你怎么知道我不知道鱼儿的快乐呢?"惠子说:"我不是你,固然不知道你;你也不是鱼,你不知道鱼的快乐,也是完全可以肯定的。"庄子说:"还是让我们顺着先前的话来说。你刚才所说的'你哪里知道鱼的快乐'的话,就是已经知道了我知道鱼儿的快乐而问我,而我则是在濠水的桥上知道鱼儿快乐的。"这一典故言庄子与惠子于濠水桥梁之上观赏游鱼,二人辩论是否能够得知水中鱼儿的自在逍遥与快乐,以表现寄身物外、纵情山水、悠然自得的逍遥境界。后来禅宗多化用此典故,如《坛经》中有云:"今蒙指示,如人饮水,冷暖自知。"宋代释道原的《景德传灯录》,明代鹿善继的《答范景龙书》等,也都引用了"如人饮水,冷暖自知"之句。其意旨在说明禅修者所得高妙之境界,无可言说,只能修行者本人以心体悟,他人更无法解知。

宗白华在诗中不留痕迹地化用禅宗公案、典故入诗,虽是意在赞扬"青年僧人"修为境界之高,实际上也说明了他本人对禅悟境界的理解和体悟。关于这一点,今天的我们虽然无法解知,但从他《律诗四首》中的前两首《游东山寺二首》的序言中,其本人对此境界的体悟,似乎可以隐见端倪。该序言曰:

> 民国三年正月,往游浙江上虞西南四十五里之东山,即谢安高卧之处。山上有谢公祠,祠后有谢公墓(谢公墓在侧)。山下有洗屐池。山半有棋亭与蔷薇洞,相传为谢公携妓宴欢之地。余到时,适为会渔之期。山下大潭中,渔舟近百,掩映于夕阳影里。余宿山下僧舍,老僧沽酒市鱼,偕余共酌。夜半月出,复攀登谢公祠前,徘徊于双古柏下,追念

先贤风流,如在目前,为之神往。①

这序言中所描绘的情境,很像是一个古代名士的行为与境界,但值得注意的是,一个年仅17岁的少年,能与山寺老僧月下共酌,促膝长谈,若非与佛相通、与禅相应,如何能有如此的心灵默契!

小诗中还引用了两个重要的佛学术语"火宅"和"三千界"。

"火宅"一词出自佛教重要经典《法华经·譬喻品》:"三界无安,犹如火宅。众苦充满,甚可怖畏。常有生老,病死忧患。如是等火,炽然不息。"经文中还讲了一个"火宅喻"的故事:一富豪有一大宅,年久失修,一天突然大火烧起,但是孩子们正在大宅内玩乐嬉戏,眼看被大火所烧,但是无论长者怎样劝导,孩子们都沉湎于玩乐嬉戏,就是不肯离开。于是长者想出一个办法,对孩子们说:"门外有羊车、鹿车和牛车,任你们游戏,快出去拿吧。"听到长者的话后,孩子们迫不及待地向外冲出火宅,终于脱离了危险。"火宅喻"是佛教著名的"四大譬喻"之一,此喻旨在阐明众生十分可怜,如那些贪玩的孩子一样,流连尘世,身处苦海之中却执迷不悟。

"三千界"一词全称是"三千大千世界",在佛教经典中随处可见。佛教以一个日月围绕照耀下的时空为一个世界,积一千个世界为一"小千世界",积一千个小千世界为一"中千世界",积一千个中千世界为一"大千世界",因其是三个千连乘的结果,故称"三千大千世界"。佛教认为,从横向上看,宇宙中有无量无边个三千大千世界构成无限的空间,有无量无边的众生生活于其间。与"三千界"相关的另一术语是"三界"。佛教把众生所居之世界由下至上纵向分为欲界、色界、无色界三界。欲界是深受食欲、淫欲、睡眠欲等多种欲望支配和煎熬的有情众生所居之世界,我们人类就居于其中;色界是远离欲界种种欲望,也不附着秽恶的物质,但还具有清净细微的

---

① 宗白华.宗白华全集(一)[M].合肥:安徽教育出版社,2008:1.

色质的有情众生所居之世界;无色界是既无欲望,又无形体的有情众生所居之天界,是一种超物质的精神世界。佛教认为,此三界虽有高下、优劣之分,但都属迷界,众生于其中生死流转,备受轮回之苦的煎熬。正因如此,《法华经》中才有"三界火宅"的说法和譬喻,以概括佛教对宇宙人生的基本看法。

宗白华引用这两个重要的佛学术语入诗,表明了他对佛教宇宙观和人生观的理解和认同。佛教关于人生之苦的价值判断,也是那时的宗白华最深切的生命体验。

三、宗白华独特生命体验的成因

然而,宗白华写作此诗时,正是一个风华正茂的少年,家境良好,衣食无忧,其本人受到良好的教育,且此时正在与表妹恋爱之中,为什么会有如此沉重的生命体验呢?

如果从个人内在的心理特质来看,这与宗白华先天的性格禀赋有关。

宗白华本人最突出的性格特征是内向、敏感,长于体悟。这种内倾型的人格特征极易导致人多愁善感,产生某种莫名其妙的痛苦情绪。宗白华在给他的好友张闻天的一封信中,就曾经说过自己是一个经历过极大痛苦的人:"你说我是一个很快乐的人。我完全承认。你说一个人要经历过一度深刻的悲哀,再在悲哀中找出一线光明来。这话就是见道之语……不过你要知道受一次的悲哀痛苦,一方面故可以得到进步,他方面也可以堕落。因为对于世界人生的苦闷罪恶,深知了一层,就会把天真赤子之心失去了一层。能同时深知世界之罪恶痛苦,又不失其天真赤子之心,这就是圣人、佛了。"[1]他的一位学生也曾经回忆过:"我觉得,宗老师的灵魂深处,他对这个世界的看法是很深沉的,怀着一种莫名的悲哀。"[2]可以说,宗白华的先天禀赋中深藏着的这种敏感的素质,使他非常易于产生莫名的悲观的情绪,因而

[1] 张闻天.张闻天早期文集:1919.7—1925.6[M].北京:中共党史出版社,1999:84.
[2] 邹士方.宗白华评传[M].香港:香港新闻出版社,1989:140.

能够与佛教人生观思想产生天然的共鸣。

更重要的应该是与当时的社会文化思潮有关。

宗白华所处的那个时代，正是中华民族苦难深重的时代，国势陵夷，内外交困，文化断裂，思想混乱，饥荒遍野，民不聊生。这样的社会现实导致中国许多有进步意识的知识分子痛心疾首，慷慨悲歌，欲拯救民族于危亡，拯救民众于水火。这与佛教的拯救精神不谋而合，正是这样一种社会现实导致了 20 世纪初佛学的复兴，形成一股强大的社会思潮。于是，他们往往借对人生之苦的慨叹表达一种鲜明的社会批判精神，借对佛学思想的阐扬表达一种强烈的民族救亡意识，少年宗白华自然也深受这一重大社会思潮的影响。于是，我们从中得到两方面启示，一方面我们认识到，宗白华所体验到的人生之痛苦，并不是他个人小己之人生痛苦，而是他亲历社会现实所产生的时代的痛苦，民族的痛苦，文化的痛苦；另一方面我们也理解了为什么在 20 世纪初，在西方现代文化思潮涌入，科学、民主精神昌明的时代，宗白华的小诗中还在高扬佛禅精神。而从另一个意义上说，这无疑也预示了宗白华美学思想与佛学的精神联系。

第二节　宗白华超世入世的人生观思想

在宗白华早期的哲学研究中，人生观问题是他关注的又一重要问题。在宗白华人生哲学中，佛学仍然是他褪不去的哲学底色。一般研究者谈及宗白华的人生观思想，往往津津乐道于他所提出的"科学的人生观"和"艺术的人生观"，因为这是清晰地盖上了宗白华本人印章的人生观口号，渗透着浓郁的宗白华情感，显现出鲜明的宗白华特色，是宗白华美学思想的特殊贡献。但实际上，这只是他人生观思想在现实层面的形下之用，在其背后，还分明矗立着宗白华在哲学层面对人生观问题所进行的形上之思。

一、宗白华人生观思想的形上之思

1919 年 7 月发表于《少年中国》第一卷第一期的《说人生观》一文，是一篇充满着冷静的哲学思辨精神的论文，是宗白华人生哲学思想的精髓与灵魂之所在。这篇文章思路开阔，逻辑严谨，说理透彻，阅读起来不觉让人感叹宗白华的少年老成，似乎见到一位视接天地、思通古今、优游于纷攘世界之外的智者。在这篇文章中，他将"平日观察所见"的"各种人生观"分成了三大类九大派别，并列表"以明条理"：

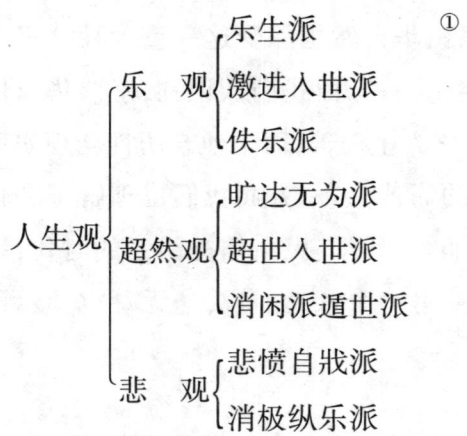

在这三大派别中，宗白华对乐观和悲观两大类六大派别均予以否定，而推崇超然观，而在超然观中，宗白华又否定了旷达无为派和消闲派，独推超世入世派，于是"超世入世"的人生观就成为宗白华人生观的最高理想。

宗白华"超世入世"人生观的确立，首先是基于他对佛教人生观所揭示的人生痛苦的根源的体悟，其次是在此基础上的"心超世外，我见都泯"的去迷证真的解脱方式的体认。

"诸行无常""诸法无我""一切皆苦"，这是佛教关于人生的三大命题，称为"三法印"，这是佛教对人生的最根本的价值判断。佛教以"苦、集、灭、道"的理论来阐释造成人生之苦的根源及摆脱的方法途径，称为"四圣谛"。

① 宗白华.宗白华全集(一)[M].合肥:安徽教育出版社,2008:18.

所谓苦谛,是对人生是苦的本质的揭示,佛教用"八苦"来加以概括,即所谓生苦、老苦、病苦、死苦、怨憎会苦、爱别离苦、求不得苦、五取蕴苦。所谓集谛,是对造成人生痛苦的根源的揭示。佛教认为,众生痛苦的原因来自于贪、嗔、痴三个根本的烦恼,以及由此而生起的十二因缘。贪,又称贪欲,也就是对外界事物的无休止的渴求、占有的欲望,这种占有欲是永远得不到满足的,于是给人造成痛苦;嗔,又称嗔恚、嗔恨,是由于贪欲得不到满足而产生的愤恨、恼怒、嫉妒等等极端的情绪;痴,又称愚痴、无明,就是迷惑、无知或错误的见解等。在贪嗔痴三者中,痴是最根本的问题,由于愚痴,才产生贪欲,才产生嗔恨。痴的本质就是执着于自我的"我执"。所谓灭谛,是揭示人生苦难的寂灭、解脱的理想和目标,是人生理想的归宿和最终目的,也是佛教教人追求的方向和目标——"涅槃"。佛教认为,这是具足无量德行,达到广大圆满的人生境界。所谓道谛,是指摆脱痛苦,获得解脱的正确途径。大乘佛教以上求佛道、下化众生为志愿,认为没有广大众生的解脱,也就没有个人的解脱,于是提出摆脱人生痛苦的根本方法途径就是普度众生、救苦救难,于是将解脱方法具体化为"四摄""六度",其中"六度"包括:布施、持戒、忍辱、精进、禅定、智慧。其中精进就是指在救苦救难、普度众生的过程中,努力不懈,绝不退却。

考察宗白华的人生观思想,我们发现,与以上佛教人生观如出一辙,或者说,宗白华的人生观思想是在佛教人生观的观照下形成的。宗白华对人生是苦这一本质似早有体悟。在《说人生观》一文中,他对"世俗众生"的生命状态的体认是:

世俗众生,昏蒙愚暗,心为形役,识为情牵,茫昧以生,朦胧以死,人生职任,究竟为何,斯亦已耳。众生迷妄……贪嗔痴迷,造业受苦。[①]

① 宗白华.宗白华全集(一)[M].合肥:安徽教育出版社,2008:17.

可见无论是他个人的人生体验，还是他所看到的社会大众的人生状态，无非是"贪嗔痴迷，造业受苦"而已。

而在人生观方面，在宗白华看来，无论是乐观派，还是悲观派，其人生皆不可取，其人生都是与苦恼相伴而行的。"乐观派"执着于"人生皆乐境"，他认为此"固属偏见"，考察其原因，各有不同。其中的"乐生派"以"求得其生以为满足"，因此一生兢兢业业，忙忙碌碌，不得停息，由生至死，不过行尸走肉而已，其生实属可悲。"激进入世派"虽因"慷慨入世，奋不顾身"而"诚可钦可敬"，但他们的致命弱点是"未先具有超然旷达直观"，且由"太持乐观以为事可必达"，故而"一旦失意"便会堕入"悲愤自戕"，堕入极苦恼之境界。"佚乐派"则以放纵逸乐为能事，乃"社会之蠹"，故"实无价值可论矣"。一些人"身处膏粱文绣，不识人类之艰苦"，放纵逸乐，实则精神空虚苦恼，无以自拔。而"悲观派"则"视人生如苦海，三界如火宅"，其人生"水深火烈"，"莫非烦恼"。其中"遁世派"虽不乏"高人"，其"高风"或"可起顽俗"，但却因缺少"大悲心"，而导致人生失去意义与价值。"愤世自戕派"一旦失意便"自残其生"，故"皆可悯而不足道也"。"消极纵乐派"不过是以纵乐来"自戕生命"而已。总而言之，人生是无往而不苦的，苦才是人生的真实本质之所在。

对于造成人生痛苦的根源，宗白华这样解释：

> 宇宙真际，人生实事，变化迁流，皆有因果。依常恒不变之律令，据亘古常新之公理，本无悲观乐观可言，悲乐云者，有情众生，主观之感也……惟有情众生，迷执主观，于违顺境，生爱恶见，遂谓世界，实有苦乐，诚妄执也。①

---

① 宗白华. 宗白华全集(一)[M]. 合肥：安徽教育出版社,2008：18,24.

这些解说概括起来就是一个"迷"字，也就是说，这些人对于宇宙人生的本质和规律根本没有觉悟，而只是迷执于个人的主观偏见、错误认识之中，由于错误知见导致错误的行为，故只能在人生的苦海中挣扎，流转不息，无有已时。

那么如何才能彻底摆脱苦恼煎熬的生命状态？在宗白华看来，首先必须有正确的知见——人生智慧，了知人生之苦的根源在于心存一个"我"字，了知摆脱人生之苦的根本途径在于摆脱对"我"的迷执，也就是像"庄周释迦"等"圣哲之士"那样，明了"诸法毕竟空，既无有法，亦无有我；既无有我，何来苦乐"？有了这样的正知正见，"二观之病，皆能永离"，就能做到"心超物外，我见都泯"，进而"毅然奋身，慷慨救世"，"尽心竭力，以为世用"，并且"时时救众生而以为未尝救众生，为而不恃，功成不居，进谋世界之福，而同时知罪福皆空，故能永久进行"，这就是佛家所谓"大乘了义之谈"，也是超世而又入世的人生态度。

这几乎就是佛教人生观的现代阐释，不仅其精神实质如出一辙，其使用的概念、语句，都带有鲜明的佛教色彩。而这不过是他对人生观问题进行的形上之思，是宗白华早期对人生观问题所进行的哲学思考。然而，现实的人生观思想是必须用来解决实际问题的，即指导人生实践的，它必须有针对性、实用性。因此，1920 年宗白华在《时事新报·学灯》上，又发表了一篇《新人生观问题的我见》，提出了"科学的人生观"和"艺术的人生观"的思想。

二、宗白华人生观思想的形下之用

所谓"科学的人生观"，在宗白华看来就是"从科学上去解答""人生是什么"和"人生究竟要怎样"的问题。他认为，科学中的生物学、生理学、心理学等可以对人生的"生活原则""物质生活"和"精神生活"的"内容和作用"等问题做出客观的解答，"科学家探索真理的方法与态度"也可以"运用到人生生活上"，从而推测出"人生内容是什么，人生标准当怎样"。所谓"艺术的人生观"，在宗白华看来就是"从艺术的观察上推察人生生活是什么，人生行为当怎样"，要以"艺术的人生态度"来对待生活问题，从而"积极地把我们人生的生活，当作一个高尚优美的艺术品似的创造，使他理想化，美化"①。宗白华所确立的这种新的人生观思想，正是他"超世入世人生观"思想的"入世"的一面，也就是要以此来解决实际的人生问题的。

宗白华的新人生观思想，首先要解决的就是当时青年的思想问题。宗白华那个时代，正是中国由传统走向现代的转型时期，文化断裂和冲突导致的茫然而不知所措的情绪在社会上蔓延，使人们失去了人生的方向。对于这种现象，宗白华颇有感触：

> 现在中国有许多青年，实处于一种很可注意的状态，就是对于旧学术、旧思想、旧信条都已失去了信仰，而新学术、新思想、新信条还没有获着，心界中产生了一种空虚，思想情绪没有着落，行为举措没有标准，搔首踟蹰，不知怎样才好，这就是普通所谓"青年的烦闷"。②

作为一个具有强烈社会责任感的青年学者，宗白华强烈希望自己能给这些青年"谋求解救的方法，以求早入稳健创造的境地"，而"这解救的方法，本也不少，譬如建立新人生观、新信条等之类"。进而他为这一部分青年提出了具体的解决人生的"烦闷"的办法，那就是唯美的眼光，研究的态度，积极地工作。由于运用了"唯美的眼光"，就可以"把世界上、社会上各种现象，无论是美的、丑的、可恶的、龌龊的、伟丽的自然生活，以及鄙俗的社会生活……做艺术地观察"，这样渐渐就可以获得一种"超小己的艺术人生观"，"把'人生生活'当作一种'艺术'看待，使他优美、丰富、有条理、有意义。总

---

① 宗白华.宗白华全集(一)[M].合肥:安徽教育出版社,2008:205—207.
② 宗白华.宗白华全集(一)[M].合肥:安徽教育出版社,2008:178.

之,就是把我们的一生生活,当作一个艺术品似的创造",从而获得一种"很有价值、有意义的人生"。由于运用了"研究的态度",就可以对社会上出现的种种问题"不去计较他对于切己的利害",而能"平心静气"地"分析这事的原委、因果和真相",进而"细筹改造的办法"。在此基础上进行"积极地工作",这就是"青年解救烦闷与痛苦的最好方法"。① 宗白华的新人生观思想,其次要解决的是当时青年的生活状态问题。宗白华看到,社会上还有一班青年,他们整天过着"寄生虫与害虫的生活","天天丰衣足食,放佚淫乐","养成淫奢的风气,造成懒惰的习惯",这样就会"为社会增长无数罪恶,无数风险",对此,宗白华认为解决这一问题的唯一办法,"就是要个个人都过他正当的奋斗的生活与创造的生活"。于是,他为这班青年指出了改造这不良的人生态度的具体办法:

我以为中国现在青年有两种奋斗的目的,同两种创造的事业:

(A)奋斗的目的

(一)对于自心遗传恶习的奋斗

(二)对于社会黑暗势力的奋斗

(B)创造的事业

(一)对于小己新人格的创造

(二)对于中国新文化的创造②

如果我们将这两方面的问题与宗白华新人生观思想联系起来看,我们发觉,前者要解决的正是"人生究竟是什么"的问题,后者要解决的正是"人生究竟应怎样"的问题,是宗白华对现实人生观问题做得最好的回答。

于是我们再将两篇关于人生观的论文联系到一起看,就会发现其间存

---

① 宗白华.宗白华全集(一)[M].合肥:安徽教育出版社,2008:178—180.
② 宗白华.宗白华全集(一)[M].合肥:安徽教育出版社,2008:92—94.

在着密切的内在联系。宗白华所谓超世入世的人生观,是建立在大乘佛教救世精神的基础上的。宗白华两叹"圣哲之士"本来"栖神物外",皆因"众生痴迷,造业受苦",而"心生悲悯",于是才"毅然奋起,慷慨救世"。在现实的层面如何救世呢? 宗白华选择确立了"科学的人生观"和"艺术的人生观",具体来解决现实中存在的青年的思想和生活状态等人生具体问题。可见,"超世入世的人生观"是宗白华从本体的层面对人生问题所进行的形而上的哲学思考,"科学的人生观"和"艺术的人生观"则是宗白华在现实中的功用——即人生实践的层面对人生观问题所做出的选择。将宗白华这两个层面的人生观思想结合起来看,这是一种体用兼备的人生观思想。

第三节　佛教的人格理想与宗白华的人格追求

与宗白华人生观思想息息相关的是他的人格理想。我们在此不想谈宗白华本人的人格特征及其生成问题,我们要谈的是宗白华心中的人格理想和追求,这应该是宗白华人生哲学的一项重要内容。

一、宗白华对"人格"概念的界定和理解

何谓人格? 宗白华曾经两次这样界定:

> 我这篇所说的人格就是维斯巴登所言:"人格也者,乃一精神之个体,其一切天赋之本能,对于社会处自由的地位。"总之人格就是我们人类小己一切天赋本能的总汇体。①

人格是宗白华人生哲学的一个十分重要的概念,在他论述的许多问题中,经常涉及这一概念。如他为之倾心而要努力创造的"少年中国",他的

---

① 宗白华. 宗白华全集(一)[M]. 合肥:安徽教育出版社,2008:83.

目标是要"造成一班身体、知识、情感、意志皆完全发展的人格"①,他理想中的少年中国的妇女,是"有健全人格高尚人格之妇女"②,对中国青年,他提出:"我向来主张我们青年须向大宇宙自然界中创造我们高尚健全的人格。"③总之,他认为"我们做人的责任,就是发展我们健全的人格,再创造向上的新人格,永进不息,向着'超人'的境界做去"④。也就是说,宗白华的人格理想有两个层次的内涵,第一层次是健全的人格,这是相对于人格不健全的普通民众而说的。第二个层次是具有"超人"境界的新人格,这是在健全人格基础上的人格境界的升华。毫无疑问,这种具有"超人"境界的人格就是宗白华所追寻的理想人格。

二、宗白华的理想人格特征与佛教的理想人格

什么样的人格境界才是宗白华心中的"超人"的理想人格呢?

首先是超人的智慧。在宗白华的心中,"超人"亦可称为"天才"。在《萧彭浩哲学大意》中,宗白华曾指出:"萧彭浩伦理,本以消灭意志,直趋涅槃境界为正鹄,唯此境不易到,故颇喜说天才。"⑤叔本华所谓天才,最突出的人格特征是具有超长的认识能力:"一个人的认识能力,在普通人是照亮他生活道路的提灯;在天才人物,却是照亮世界的太阳。"宗白华对叔本华的天才思想做了这样的阐释:"唯至天才,知识发达,超越常度,不尽为意志所用。或本志完全,所应俱妙,不为偏欲之所激,乃得自由、客观观物,有如止水,不为意志所浑,鉴物明了","唯天才能忘其小己,其用心于宇宙观察……纯然可观,不动于心,不生私念……宇宙现象之真,于焉已得,此天才之有益于世者也"⑥。宗白华对叔本华的天才思想的理解:"天才具有超于常

---

①　宗白华.宗白华全集(一)[M].合肥:安徽教育出版社,2008:36.
②　宗白华.宗白华全集(一)[M].合肥:安徽教育出版社,2008:83.
③　宗白华.宗白华全集(一)[M].合肥:安徽教育出版社,2008:99.
④　宗白华.宗白华全集(一)[M].合肥:安徽教育出版社,2008:98.
⑤　宗白华.宗白华全集(一)[M].合肥:安徽教育出版社,2008:7.
⑥　宗白华.宗白华全集(一)[M].合肥:安徽教育出版社,2008:7,8.

人之上的认识能力,天才的这种认识能力来源于他不为意志或欲望所困,故能纯然客观地观察事物,天才所观察的对象是宇宙万象,观察的结果是对宇宙真相的洞悉。"也就是说,宗白华心中的天才,其最主要的人格特征是具有远超庸常的超人智慧。

其次是大无畏的精神。如果说叔本华的天才的人格理想还是宗白华在哲学的、观念的世界的发现的话,那么,在现实世界,宗白华发现了歌德。他把歌德看成"人类的代表","他的人格和生活可谓极尽了人类的可能性","他不但是由作品里启示我们人生真相,尤其在他自己的人格与生活中表现了人生广大精微的义谛"。"歌德的人生是永恒变迁的……人类的生活本身就是变迁的,但歌德每一次生活上的变迁就启示一次人生生活上重大的意义,而留下了伟大的成绩,为人生永久的象征","他知道这些'迷途''错道'是他完成他伟大人性所必经的。人在'迷途中努力,终会寻着他的正道'"。① 也就是说,在宗白华看来,歌德的人格特征最突出的特点在于他自强不息、勇猛精进的大无畏精神,在于他对生命真相和意义的永不停息地追寻,这也是宗白华所努力追寻的超人境界的人格理想的又一重要特征。

第三是对真理(即所谓宇宙人生的真相)的执着追寻。这是宗白华人格理想的又一重要特点,在上述所提及的古今圣哲、大思想家、大艺术家的精神世界中,均贯穿着这一人格境界。在宗白华看来,"真理是学者第一种生命",对真理的探求,是人类生命的最高价值所在。在《学者的态度与精神》一文中,他以印度和欧洲的学者为例,对这种人格境界进行了具体阐释。他说:"我向来佩服的,是古印度学者的态度,最敬仰的,是欧洲中古学者的精神。"他所佩服古印度学者的,是他们"绝对地服从真理,猛烈地牺牲成见"的精神,"当龙树提婆的时候,印度学说的派别将近百种。他们互相争辩的激烈,可想而知。但他们争辩时的态度却很可注意! 当未辩论以前,那

---

① 宗白华. 宗白华全集(二)[M]. 合肥:安徽教育出版社,2008:3—5.

辩论者往往宣言：'若辩论败了，就自杀以报，或皈依做弟子。'辩论之后，那辩论败的不是立刻自杀，就是立刻皈依对方做弟子，决不作狡辩，决不作遁词，更没有无理地谩骂"，他们是"只晓得有真理，不晓得有成见"。他所敬仰欧洲学者的，是他们的"宁愿牺牲生命，不愿牺牲真理"的精神，"欧洲中古时的学者，因发明真理，拥护真理，以致焚身入狱的，很不甚少见……但真理却因此昌明了！人类却因此进化了"！在这些学者的心中是"只晓得真理的价值，不晓得生命的价值"。① 宗白华心中，最高的人格典范是悲悯众生、慷慨救世的情怀。这是以佛为最高代表的古今圣哲的人格境界，宗白华盛赞"古来大哲，悲悯众生，奋身救世。孔席不暇暖，墨突不再黔。佛有我不入地狱，谁入地狱之语。耶稣钉死十字，其恻隐之心，大悲之念，又岂常人所能及"？"真超然观者，无可而无不可，无为而无不为，绝非遁世，趋于寂灭，亦非热衷，堕于激进，时时救众生而以为未尝救众生，为而不恃，功成而不居，近谋世界之福，而同时知罪福皆空，故能永久进行，不因功成而色喜，不为事败而丧志，大勇猛，大无畏。"②

　　总的看，宗白华对人生问题的思考，与佛学人生哲学思想的联系是十分密切的。佛教人生哲学的突出特点是对人生本质做出一切皆苦的价值判断，揭示产生痛苦的原因，指出摆脱痛苦的方法和途径，这成为宗白华人生美学思想建立的基础和灵魂。

---

① 宗白华. 宗白华全集（一）[M]. 合肥：安徽教育出版社,2008：130,131.
② 宗白华. 宗白华全集（一）[M]. 合肥：安徽教育出版社,2008：8,25.

第四章 佛学对宗白华艺术美学 思想的影响

宗白华美学研究的鼎盛期在 20 世纪 20 至 40 年代,其艺术美学思想在融会中西思想资源的总体格局下,对中国传统美学思想的继承与发展成为其更为显著的特点,与道家、儒家思想的关联性也越来越鲜明,其著述中佛学语汇反而不那么直白显露了,但是,这并不意味着他的美学思想与佛学思想的关系淡化了。德国留学以后,世界性的美学视野使宗白华能有更多的机会和方便条件来"借外人的镜子照自己的面孔",反而使他更清晰地看到了"中国旧文化中实有伟大优美的,万不可消灭"的东西,这其中就有中国佛学思想的精华。

第一节 "物我不二"与宗白华美学的"同情说"

"同情说"是宗白华美学思想的精华,是弥漫于他的美学世界的基本精神,可以这样说,要想了解宗白华的美学,就必须从了解他的同情说的基本内涵开始。

宗白华在 1921 年发表的《艺术生活——艺术的生活与同情》一文中饱含深情地写道:

诸君！艺术的生活就是同情的生活呀！无限的同情对于自然，无限的同情对于人生，无限的同情对于星天云月，鸟语泉鸣，无限的同情对于死生离合，喜笑悲啼。这就是艺术感觉的发生，这也是艺术创造的目的。[①]

这是宗白华"同情说"的最早提出，是宗白华的美感发生说。罗丹曾经说过："生活中不是缺少美，而是缺少发现美的眼睛。"所谓美的发现，本质上讲就是美感的发生。因为世界上本没有一种叫作"美"的事物，我们所说的"美"，都是某种客体对象带给我们的一种情感体验。客观对象本身是无所谓美或不美的，只有它作用于人的感官，进入人的心灵，当它引起人的精神愉悦的时候，人们才会感觉它美。这里所谓的"美"，实际上就是"美感"。罗丹认为，美感的发生源自于人要有一双"发现美的眼睛"，眼睛是直通人的心灵的，因此，美感的产生，端赖于人要有一颗能够发现美的心灵，而这颗心灵，在宗白华这里就是"同情"之心。宗白华认为，用"同情"之心去观照社会人生，观照自然界，观照宇宙万有，便获得了美感，便产生了艺术，这就是宗白华美学"同情说"的基本内涵。

宗白华美学"同情说"的基本精神，我们可以从以下几个层面去理解。

一、叔本华伦理同情说的引发

"同情"原本是西方同情伦理学的基本范畴，这一学派的主要代表人物是休谟、斯密、卢梭、叔本华等，宗白华美学的同情说的外源即来自叔本华。

叔本华从人类行为的动机出发，探讨人类道德的基础，认为人类一切行为的动机可以分为三种：利己、害他、同情。利己是人类追求幸福的本能，但却包含着无限的欲望；害他是人类灾祸的根源，会带给人巨大的伤害；同情

---

① 宗白华.宗白华全集（一）[M].合肥：安徽教育出版社，2008：316—319.

考虑的是他人的幸福,具有公正和仁爱的特征。在叔本华看来,由于人本质上都是自私的,因此利己和害他便成为人的惯常行为,而这种行为显然是不道德的,只有同情才是道德的行为。叔本华对于同情的本质的基本解释是对他人痛苦感同身受,也就是将他人与自己视为一体,认为人、我其实本无差别,就会产生同情心,直至高尚无私,慷慨大量,故同情乃是人类道德的基石。在宗白华的第一篇哲学论文《萧彭浩哲学大意》①中就有"萧彭浩之人生观及伦理"一节,对叔本华的伦理同情说进行了专门地解说,并进而演化为他的美学同情说。

宗白华的美学"同情说"是根植于社会现实基础之上的,他认为,人类面对的是一个残酷的"自利""黑暗""森寒"的社会现实,人类要想在这样的社会现实中生存发展下去,唯一所能依靠的就是"谋人类'同情心'的涵养与发展",因为"同情"是使社会结合、进化、协作的唯一"原动力"。在宗白华看来,"同情"的巨大价值在于"我们根据这种同情,觉得全社会人类都是同等,都是一样的情感嗜好,爱恶悲乐。同我之所以为'我'没有什么大分别。于是,人我之界不严,有时以他人之喜为喜,以他人之悲为悲,看见他人的痛苦,如同身受。这时候,小我的范围解放,入于社会大我之圈,和全人类的情绪感觉一致颤动"。但正如叔本华所说,利己、害他是人类的本能,那么,如何才能使人类产生、发展、光大这种同情心呢? 宗白华认为别无他路,"厥唯艺术而已",只有艺术才能做到"一曲悲歌,千人泣下;一幅画境,行者驻足",只有艺术才"能融化人的感觉情绪于一炉"。② 于是,宗白华才提出这样的认识:"艺术的起源,就是融人类社会'同情心'的向外扩张"的结果。

可见,宗白华吸收并发展了叔本华伦理同情说的基本思想,在社会人生的层面,宗白华的美学"同情说"获得了最基本的精神源泉,这种社会同情的伦理精神也就成为宗白华美学"同情说"的精神基础。

---

① 宗白华.宗白华全集(一)[M].合肥:安徽教育出版社,2008:8—9.
② 宗白华.宗白华全集(一)[M].合肥:安徽教育出版社,2008:317.

二、庄子齐物哲学的影响

宗白华的"同情说"是一种蕴含了宇宙、人生、社会、自然等一切领域的大同情的艺术的世界,美的世界。我们知道,美感的产生离不开审美主体、审美客体两个基本要素,但如何把握二者的关系,却是不同美学观的哲学分野。西方美学基于主客二分、物我对立的思维模式,创立了具有深远影响的"移情说",认为美感的产生,是由于审美主体把自我的情感移植到客观外物———审美对象上,于是便感觉外物也具有了和人同样的情感,或者相反,把审美对象的情感移植到审美主体身上,使之产生与审美对象相同的情感。① 这种主客二分的思维模式把主体与对象、外物与自我看成相互外在的、对立相视的,他们之间彼此孤立,无以交通,因此二者的关系只能是一种紧张的对抗关系。所谓"移情",不过是一方的情感强行"移入"对方,移入者具有不容置疑的意志强权,对象一旦接受了情感移入,其生命意志便被对方所消解。但宗白华的同情说的审美思维却与之有明显的不同,在宗白华的艺术世界里,人不是外物的主宰,人与外物是一种齐等和谐的关系,这是庄子齐物哲学影响的结果。

齐物是庄子哲学的基本精神,在庄子看来,万物皆统于"道",从道的观点来看,万物都是平等的,无差别的,故说"天地与我并生,而万物与我为一"。(《庄子·齐物论》———笔者注)庄子齐物哲学的特点是打通了主体与外在世界的隔阂、界限,消除主体与外在世界的差别,此时人不再是独立于天地自然之外傲视万物的,而是与天地精神相往来、与自然万物相交通的,故人能设身处地地去体验自然万物的生命意趣。

在宗白华的艺术世界里,自然是一切美的源泉,"自然是美的……是一切艺术的范本……艺术的目的是表现最真实的自然界"②。在宗白华看来,

① 凌继尧.美学十五讲[M].北京:北京大学出版社,2006:68—69.
② 宗白华.宗白华全集(一)[M].合肥:安徽教育出版社,2008:310—311.

艺术要想表现真实的自然，就必须实现人和自然的交相会通，我们且看宗白华《艺术生活——艺术的生活与同情》开篇原题为"艺术"的这首诗：

你想了解"光"吗？

你可曾同那疏林透射的斜阳共舞？

你可曾同那黄昏初现的冷月齐颤？

你可曾同那蓝天闪闪的星光合奏？

你想了解"春"吗？

你的心琴可有那蝴蝶翅的翩翩情致？

你的歌曲可有那黄莺儿的千啭不穷？

你的呼吸可有那玫瑰粉的一缕温馨？[①]

这首诗所诠释的正是宗白华本人对艺术的基本理解。在这里，宗白华强调的是人与自然的谐振，这种谐振不是由物而趋向于人的，而是由人而趋向于物的。由物趋向于人，是将外物赋予人的思想情感，如杜甫的"感时花溅泪，恨别鸟惊心"般，花、鸟都已经失去了它自身的主体性，成为表现人的思想情感的一种手段，人才是目的，才是艺术世界的主宰；由人趋向于物，是将人的精神同化于自然的精神，其前提条件是将自然看作与人在内在精神上是同等的，所谓人与物齐，在这样的条件下，人与自然才能交通，才能实现和谐共振。宗白华就是以这样的思维来认识人与自然的关系的，他认为人之所以能将社会的同情心拓展到自然中去，是因为"自然中也有生命，有精神，有情绪感觉意志……"[②]所以，他对艺术的理解就是当人要表现自然的时候，人就要有自然的情致、舞姿、声响、气息，也就是说要"以主体的精神生

---

① 宗白华.宗白华全集(一)[M].合肥:安徽教育出版社,2008:316.

② 宗白华.宗白华全集(一)[M].合肥:安徽教育出版社,2008:319.

命设身处地地去体验对象的精神生命"①,这样,人与自然"譬如两张琴,弹了一琴的弦,别张琴上,同音的弦,方能共鸣"②。

于是,在自然的层面,宗白华的美学"同情说"又获得了无尽的精神源泉,这种物我会通的艺术精神,成为宗白华美学"同情说"又一重要的精神特征。

三、禅宗"物我不二"精神的契合

然而,如果我们仅仅看到这一点还是不够的,庄子的齐物哲学所谓打破了物我的界限,其实并没有消除物与我本身的客观实在性和差别性,它只是强调了人与物齐,即人不以万物之灵自居,人投向自然的怀抱,其意在于消除人傲视于物的傲慢心理,摆脱人的精神束缚,进入一种"逍遥"的自由境界,以获得游心之乐。宗白华的艺术世界则是一个心包太虚量周沙界的心灵世界,他在文中慨叹"大宇长宙"的森寒,强调将"对于人类社会的同情……扩充张大到普遍的自然中去",并且"运用到全宇宙里","觉得全宇宙就是一个大同情的社会组织",而这时候就"发生了极高的美感",获得了一个"纯洁的高尚的美术世界"。③ 不难看出,宗白华的艺术世界在心灵的层面是宇宙一体、人我不二、物我同一的,其核心精神已超越庄子,深契佛教所谓"物我不二"的禅悟境界。

"物我不二"的思想在大乘佛教重要经典《维摩诘经》中有详细的演说。该经的《入不二法门品》讲了一个有趣的故事:维摩诘居士生病了,佛让弟子们去探病,可是罗汉们都不敢去,他们害怕回答维摩诘居士提出的问题,于是佛派智慧殊胜的文殊菩萨率领三十一位菩萨前往。维摩诘居士果然向菩萨们提出一个极难的问题,什么是"不二法门"。三十一位菩萨各自具体

① 田智祥.宗白华的精神人格与美学之路[M].天津:南开大学出版社,2010:52—53.
② 宗白华.宗白华全集(一)[M].合肥:安徽教育出版社,2008:317.
③ 宗白华.宗白华全集(一)[M].合肥:安徽教育出版社,2008:316—317.

言说诸如消除生灭、垢净、罪福等矛盾对立即"不二法门",文殊菩萨提出"无言无说"才是"不二法门",最后维摩诘以"默然无言"的真实行动来表示无言说、无分别乃是真正的"入不二法门"。"不二法门"阐述的是佛教的般若空观思想。佛教认为,世间众生之所以有生老病死之苦,主要原因在于有我法二执。大乘佛教以破除我法二执,阐明我法二空为宗旨,视世间一切法为虚幻不实的,如果能证得我法毕竟空的诸法实相,即能证得涅槃境界,如《涅槃经·狮子吼品》所说,"一者名为涅槃,二者名为生死"。

吴言生在《禅宗思想渊源》中曾经说过:"在佛教的八万四千法门中,不二法门一似高悬于绝巅之上的皎月,为无数禅者所景仰,它孤高迥远,溢彩流光,超越偏正,意趣无穷。"①的确,佛教的这一重要思想对中国思想产生了深远地影响。

东晋名僧僧肇在《涅槃无名论》中说:"玄道在于妙悟,妙悟在于即真,即真在于有无齐观,齐观则彼己无二,所以天地与我同根,万物与我一体。"东晋正是玄学盛行的时代,以玄解佛是一种普遍现象,因此僧肇的思想及阐释在语言上,都难免留有玄学的痕迹,但其所阐述的却是佛学所追求的对世界真实相状("即真")的认识。在僧肇看来,世界的本质就是"彼己无二",进一步说就是"物不异我,我不异物,物我玄会,归于无极","齐天地为一旨,而不乖其实;镜群有以玄通,而物我俱一"。僧肇对"不二法门"的认识,依据的是"齐观"的思维方法,其结果是"妙悟"到"天地与我同根,万物与我一体"的"即真"之理。隋代名僧慧远在《大乘义章》中也说:"言不二者,无异之谓也,即是经中一实义也。一实之理,寂妙理相,如如平等,亡于彼此,故云不二。"唐代禅宗六祖慧能大师在《坛经》上则从"一切万法,尽在自心中"的角度提出"佛法是不二之法","无二之性,即是佛性","明与不明,凡夫见二;智者了达其性无二,无二之性,即是实性"等等。禅宗所谓"无二"

---

① 吴言生. 禅宗思想渊源[M]. 北京:中华书局,2001:134.

者,即是"无分别"之意。禅宗认为,般若无知而无所不知,这种无分别心,如同朗月,平等一如地把它的清辉洒向千万条江河,映万物于无心,能"令一切众生,一切草木,一切有情无情,悉皆蒙润。百川众流,却如大海,合为一体"。(《坛经·般若品第二》——笔者注)僧肇所谓"有无齐观""彼己无二",慧能所谓"无二之性,即是实性",这是禅宗所谓的"般若智慧",也是禅者灵动的心灵境界,同时,它也为中国的文学艺术、美学思想提供了一种特殊的审美观照方式。这种特殊的审美观照方式——感悟,总是以整体把握的方式面对对象世界,在心灵层面上实现与对象世界的体合如一。这是一种超越逻辑的、感性的、直观的心灵体验,不是用理智可以分析、解说的,是所谓"如人饮水,冷暖自知"的妙悟境界。宗白华大同情的审美世界,就是这样一种境界。

在宗白华大同情的审美世界里,总是把审美对象作为一个整体来观照。在论及审美对象时,他使用的概念主要是宇宙、人生、社会、自然、艺术几种,将它们进行浑然一体的整体观照,而对于分门别类的艺术,并未做微观具体的条分缕析。对这些审美对象,宗白华也总是把握其整体特征,诸如宇宙的森寒、社会的黑暗、人生的机械自利、自然的生命精神等等,他的同情之说也就建立在这一整体论的基础上。

在宗白华大同情的审美世界里,人与外在世界也是体合如一、"物我不二"的。在艺术情感方面,他不仅"觉得全社会人类都是平等……同我之为'我',没有多大分别",而且感觉"大自然……和我们的心理一样……都是我们有知觉、有情感的姊妹同胞",甚至"觉得全宇宙就是一个大同情的社会组织……都是一个同情社会中间的眷属"。[1] 人与社会、人与自然、人与宇宙,已经完全消除了主客的对立、物我的差别,彼己之间相即相入,它们情感相近、精神相通、血脉相连,是一个有生命、有精神的统一体。

---

① 宗白华.宗白华全集(一)[M].合肥:安徽教育出版社,2008:318.

宗白华大同情的审美世界也正是一种妙悟神思的心灵世界。他使用最多的词之一便是"觉得",他所描述的诗人的境界:"你看一个歌咏自然的诗人,走到自然中间,看见了一枝花,觉得花能解语,遇见了一只鸟,觉得鸟亦知情,听见了泉声,以为是情调,会着了一丛小草,一片蝴蝶,觉得也能互相了解,悄悄地诉说他们的情,他们的梦,他们的想望。"[1]"诗,本是产生于诗人对于造化中一花一草一禽一虫的深切同情,由同情而体会,由体会而感悟。不但是汩汩的深情由此流出,许多惺惺的妙悟、深深的沉思也由此诞生",因而能够"心与心相照,心与世界相见,心能扩展到和世界一般广大,一般深厚"[2],于是"就觉得有无穷的不可言说的美","一切境界,尽皆消灭"直至"究竟涅槃"的生命境界。这既是诗境,也是禅境,在亦诗亦禅中,凝铸成宗白华独有的审美心灵,也铸就了宗白华美学"同情说"的精神实质。

综上可见,宗白华的美学"同情说"是一个意蕴丰厚的审美世界,蕴含着深厚的社会伦理精神、自然艺术精神、禅学妙悟精神,而禅学精神则是其最根本的精神特质。

第二节　"静观""寂照"与宗白华美学的"静照说"

"静照"也是宗白华提出的又一个重要的美学学说。宗白华的"静照说"最初是在 1921 年 2 月发表的《自德见寄书》一文中提出的:"东方的精神思想可以以'静观'二字代表之。儒家、佛家、道家都有这种倾向。佛家还有'寂照'两个字描写他。"[3]此时宗白华使用的是"静观"二字,同时还引入了佛家的"寂照"二字,这可以说是宗白华"静照说"的萌芽。此时,宗白华是将"静观"作为"东方的精神思想"特征来看待的,是宗白华对东方精神

---

① 宗白华.宗白华全集(一)[M].合肥:安徽教育出版社,2008:319.
② 宗白华.宗白华全集(二)[M].合肥:安徽教育出版社,2008:303—304.
③ 宗白华.宗白华全集(一)[M].合肥:安徽教育出版社,2008:321.

特征的总概括,其本质是一种精神境界。在后来的美学研究中,宗白华不断探讨"静观""寂照"在中国艺术审美中的重要作用,并最终确立了"静照"这一概念,形成他的独特的"静照说":

后来成为中国山水花鸟画的基本境界的老、庄思想及禅宗思想也无外乎于静观寂照中,求反于自己身心的心灵节奏,以体合宇宙内部的生命节奏。[①]

这微妙的境地不是机械地学习和探视可以获得,而是在一切天机的培养,在活泼泼的天机的飞跃和凝神寂照的体验中突然涌现出来的。[②]

艺术心灵的诞生,在人生忘我的一刹那,在美学上所谓"静照"。[③]

在这些论述中,宗白华显然是将"静照"视为一种独特的审美方法,认为其是中国各类艺术审美境界发生的必不可少的条件,这应该说是宗白华"静照说"的基本内涵。

综观宗白华的"静照"说,我们从中清晰地看到了其深广的学术背景,它是在中西方文化对比的基础上提出的,并融会了中西文化的思想精华。可见宗白华的"静照说"和"同情说"一样,是一个思想渊源丰厚、内蕴深厚的美学学说。

一、对叔本华"静观论"的有限接受

静观,是中外美学史上都十分关注的一个重要的美学命题。西方19世纪美学家康德、叔本华、鲍桑葵等都曾有深入研究,对后世美学思想产生较

---

① 宗白华.宗白华全集(二)[M].合肥:安徽教育出版社,2008:109.
② 宗白华.宗白华全集(二)[M].合肥:安徽教育出版社,2008:329.
③ 宗白华.宗白华全集(二)[M].合肥:安徽教育出版社,2008:345.

大影响。宗白华 1925—1949 年在中央大学讲课期间,在他的《美学》讲稿中,将"静观论"作为一种审美方法加以介绍,认为静观乃"审美之一道也",即认为静观是一种重要的审美方法,并简要介绍了叔本华的"静观论":

> Contemplation(静观)此字之意,即停止一切冲动,用极冷静之眼光观察之。叔本华谓吾人若用 Contemplation 之状态去观察,实为审美之要道。彼之美学,即基于此状态之上者,如看失火——初见之则恐怖,因一切财产悉将毁坏,计算心生,即不能生美感……若能将此观念完全消除,则火焰冲天,必能发生美感,所谓"隔河观火",即系能将此等观念抛开故也。此等愉快,即因为客观的、无关自身利害的一种观察,所谓 Contemplation 之状态是也。①

叔本华的审美"静观论",具备这样几个基本要点:一是停止情感冲动,冷静观察;二是摆脱利害关系,不生计较;三是犹如隔岸观火,拉开距离。如果我们把这三者按照发生的先后顺序进行逻辑排列的话,叔本华的"静观论"实质上突出强调了距离的重要性。只有首先拉开距离,才能摆脱利害计较,才能停止情感冲动,才可冷静观察,然后才能获得美感。

宗白华的美学思想最初受叔本华美学的影响较大,这也表现在他的"静照说"中。宗白华曾经分析过宋朝女诗人郭六芳的《舟还长沙》一诗:"侬家家住两湖东,十二珠帘夕照红。今日忽从江上望,使之家在画图中。"宗白华指出该诗道出了这样一个基本的道理:"自己住在实生活里,没有能够把握到它的美的形象。等到自己对自己的日常生活有相当的距离,从远处看,才发现家在画图,融在自然的一篇美的形象里。"宗白华显然是依据叔本华的"静观论"来分析这首诗的,他突出强调了人与对象之间产生"距离",这种

---

① 宗白华. 宗白华全集(一)[M]. 合肥:安徽教育出版社,2008:437—438.

"距离"将主体从"实生活"中提取出来,摆脱了人与生活世界的利害关系,得以对对象进行冷静观察,是美感产生的根本原因。从这一点上看,宗白华受以叔本华为代表的西方"静观说"的影响是显而易见的。然而,宗白华并没有停留在这一层面上,他对叔本华的"静观说"的态度是有所保留的,他认为西方"美学家所说的'心理距离''静观'",只是"构成审美的消极条件","在这主观心理条件之外"所谓"积极的因素和条件"的参与。① 从这样的表述中,我们可以看到宗白华的"静照说"对叔本华的"静观论"只是有限地接受而已。

二、庄子"静观论"的影响

对宗白华影响最大的,主要是中国的"静观论"。中国的"静观论"在中国文化的儒道佛三大思想体系中均有明确体现,有学者曾经做出这样的归纳:儒家的观点出自《易经》中的"观物取象",强调的是"以通神明之德,以类万物之情";道家强调心的重要性,强调"以神遇而不以目观",是主体进入特定心境之后,对物的静观与晤对,是虚静心境下的玄览;佛家则强调用智慧观照内心,在寂定中观照自己的真心本性,是一种禅悟的境界。② 宗白华的"静照说"对儒道佛三家的思想均有所接受,如他在阐述中国文化的美丽精神时就曾引用《论语》片段:

子曰:"予欲无言!"子贡曰:"子如不言,则小子何述焉?"子曰:"天何言哉? 四时行焉,百物生焉,天何言哉?"

宗白华认为这是以孔子为代表的中国古代哲人对自然、宇宙的观照态

---

① 宗白华. 宗白华全集(三)[M]. 合肥:安徽教育出版社,2008:270.
② 范文彬. 儒道禅与审美观照的三重境界[J]. 社会科学战线,2009,(7):21—23.

度,因而儒家发现了"宇宙间生生不已的节奏"之美。① 然而,相比较而言,宗白华所接受的主要是道家与佛家的"静观论"思想。我们上文提及的宗白华所谓"后来成为中国山水花鸟画的基本境界的老、庄思想及禅宗思想也不外乎于静观寂照中,求返于自己的心灵节奏,以体合宇宙的生命节奏"的重要思想,不仅道出了中国艺术境界中老庄与禅宗思想的难舍难分的关系,也昭示了宗白华"静照说"与庄、禅的密切联系。出于论证的需要,我们这一部分中,仅就道家思想的层面进行探讨分析。

上文我们说过,宗白华认为叔本华的"静观论"只是构成审美的消极条件,那么他所认为的构成审美的积极条件应该是什么呢? 这就是宗白华所谓的"移情"——"整个心境受到洗涤和改造",以"达到艺术的最深体会"。这不是西方美学"移情说"所认为的:由于审美主体把自我的情感移植到客观外物——审美对象上,于是便感觉外物也具有了和人同样的情感,它是一种"心的陶冶,心的修养和锻炼",也就是"在主观心理方面……我们的情感是要经过一番洗涤,克服了小己的私欲和利害计较……把整个情绪和思想改造一下,移了方向,才能把美如实地和深入地反映到心里来",这是中国古人所说的"移人之情"或"移我情"的意思。② 宗白华这里所强调的"移人之情"或"移我情"者,首先在于"洗涤"二字,即荡涤主体的心灵,去除私欲杂念、利害计较,使主体心明如镜,进而以明镜之心观照万物,而了知万物之本原。这一思想的源头可以上溯到老子和庄子。

《老子》分别在第十章、第十六章中提出"涤除玄鉴""至虚极,守静笃"等思想,老子所谓"涤除",即指清除内心的世俗杂念和种种欲望,所谓"玄鉴",比喻心灵明净如镜,所谓"虚""静",都是指心灵的空明澄澈的状态。也就是说,老子认为,主体必须有一个清澈明净的心境,才可以把握"道"之玄妙。

---

① 宗白华.宗白华全集(二)[M].合肥:安徽教育出版社,2008:401.
② 宗白华.宗白华全集(三)[M].合肥:安徽教育出版社,2008:268—270.

庄子在老子思想的基础上,提出"心斋""坐忘""虚静"等命题。《庄子·人间世》:"回曰:'敢问心斋。'仲尼曰:'若一志,无听之以耳,而听之以心,无听之以心,而听之以气!耳止于听,心止于符,气也者,虚以待物者也。唯道集虚。虚者,心斋也。'"《庄子·大宗师》:"颜回曰:'回益矣。'仲尼曰:'何谓也……'曰:'回坐忘矣。'仲尼蹴然曰:'何谓坐忘?'颜回曰:'堕肢体,黜聪明,离形去知,同于大通,此谓坐忘。'"《庄子·天道》:"圣人之心静乎!天地之鉴也,万物之镜也……夫虚静、恬淡、寂漠、无为者,万物之本也。"① 庄子所谓"耳止于听,心止于符",也是强调主体要摒除外界干扰、洗涤尘俗杂念,所谓"堕肢体,黜聪明,离形去知",是强调主体达到完全忘我的状态,在庄子看来,这就是"虚静、恬淡、寂漠、无为"的精神,是"圣人之心"所应达到的境界,这种精神境界犹如"天地之鉴""万物之镜",可以照彻"万物之本"。

总之,无论老子还是庄子,他们均强调审美主体须忘情世俗,摒除内心的各种欲念,使心灵空明澄静,达到忘我之境,只有这样,才能实现"静观",并于"静观"中把握"道"之精髓,即所谓"澄怀观道",只有这样,才能达到与天地精神相往来的境界。

宗白华认为:"澄观一心而腾踔万象,是意境创造的始基。"②"中国山水画……自始即具有'澄怀观道'的意趣。"这是因为:"中国古代画家,多为耽嗜老庄思想之高人逸士。彼等忘情世俗,于静中观万物之理趣。""生动之气韵笼罩万物,而空灵无际……然此境不易到也;必画家人格高尚,秉性坚贞,不以世俗利害营于胸中,不以时代好尚惑其心志:乃能沉潜深入万物核心,得其理趣,胸怀洒落,庄子所谓能与天地精神往来者,乃能信手拈来都成妙谛。"③这足以说明,老、庄的这一思想已成为宗白华"静照说"的重要理论源泉。

---

① 孙通海.庄子[M](译著).北京:中华书局,2007:72,141,211.
② 宗白华.宗白华全集(二)[M].合肥:安徽教育出版社,2008:331.
③ 宗白华.宗白华全集(二)[M].合肥:安徽教育出版社,2008:50—51.

三、禅宗的"静观寂照论"的影响

如果我们把老庄思想看成宗白华的"静照说"的核心精神,则仍然是不准确的,宗白华"静照说"的深层精神内涵,是佛教的禅宗思想。

禅宗虽为佛教的一个宗派,但它是中国本土产生的,是印度佛教般若学与中国老庄哲学融合的结果,因此"庄禅"常常被同等看作中国美学的"基本境界"。但这并不是说二者可以等量齐观,混为一谈,二者在深层次上有着根本的区别。

张节末先生在《禅宗美学》中曾说:"东晋以后,佛教大乘般若学开始流行,中国哲学开始领受强大空观的洗礼而发生深刻变化,人性的注重开始转向佛性的注重,自然和物被空观转换为色相,心物关系与色空关系相联系,清净的观念被引进而取代虚静的观念,逍遥游的自由也慢慢转变为渐悟和顿悟尤其是顿悟的自由,自然被空化以后,心化的境的概念也出现了。"①对于庄子与禅宗的具体区别,张节末在《禅宗美学·引论》中曾就庄与禅的区别做过大段的阐述,他认为:庄子追求自然中的逍遥,虽然人可以与蝴蝶互为梦,不过那是物化,即物(作为物的人)与物的换位,是拟物或拟人,禅宗寻觅境界中的顿悟,更关注主体的心境,一切物都为心所造。庄子以相对主义的齐物论来泯灭物我之间的一切差别,使人同于物,与万物平等。人的本根在自然,人投入自然的怀抱与自然亲和,归穴是"托体同山阿"。那是由齐物而逍遥,获得自由。而禅宗以相对主义的对法来破除我执和法执,似乎是齐物了,其实是将自然从时空孤离,从而使之化为喻象,归于心境化。庄子相对主义是完全倒向自然,放弃分析的思维,从而获得自由感。禅宗的相对主义是在空、有之间动态依违,最后凭借顿悟找到一个空有两不执或两破的色即是空的点——境界,从而获得自由感。因此,自然在庄子更多的是一

---

① 张节末.禅宗美学[M].北京:北京大学出版社,2006:54.

个蕴含着道的变动不居的实体，是一曲无尽绵延的和谐的交响乐；在禅宗，自然则是一个既无还有、既有还无的喻体，更多的是一种心相，自然被无数顿悟的心灵所直观，并切割成许多小的片段，为之分享，正如一月映于千江。庄子是愈亲近、愈深入自然愈自由，时空流动变迁即是道；禅宗是愈孤离自然，愈逼近那个顿悟的点愈自由，时空凝定即是佛。庄子讲虚静和逍遥，禅宗讲清净和空，庄子是由无到有，由静到动，由心到物，无为而无不为，禅宗是以无制有，以静制动，使物归于心。庄子的泛神论是客观唯心主义的，禅宗的泛神论是主观唯心主义的，因此，两者就有主物化和主境化的区别。①

　　张节末先生的阐释，实际上蕴含着这样一个基本思想，庄子美学是禅宗美学的前提基础，禅宗美学是对庄子美学的发展和超越。这种超越主要体现在"有—空""人性—佛性""实物—色相""虚静—清净""逍遥的自由—顿渐的觉悟"等等，以及由此而直达的禅宗的心灵化的"境界"。庄子的"逍遥"也是一种人生境界，但它是"绝欲去智"的、"物化"于自然的实有境界，禅宗则是强调空诸万象、同化于心、清净觉悟的心灵境界。宗白华的"静照说"实际上恰好体现了由庄到禅的这种超越。我们且看宗白华自己对"静照说"的阐释：

　　　　静照的起点在于空诸一切，心无挂碍，和世务暂时绝缘。这时一点觉心，静观万象，万象如在镜中，光明莹洁，而各得其所，呈现着它们各自的充实的、内在的、自由的生命，所谓"万物静观皆自得"。这自得的、自由的各个生命在静默里吐露光辉……空明的觉心，容纳万境，万境浸入人的生命，染上了人的心灵。所以周济说："初学词求空，空则灵气往来。"灵气往来是物象呈现着灵魂生命的时候，是美感诞生的时候。美感的养成在于能空，对物象造成距离，使自己不沾不滞，物象得以孤

①　张节末.禅宗美学[M].北京:北京大学出版社,2006:21.

立绝缘，自成境界。①

这是宗白华本人对他的"静照说"进行的解说，显然，他所谓的"静照"，首先是空的，所谓"空诸一切，心无挂碍，和世务绝缘"；其次是觉悟的，所谓"一点觉心""空明的觉心"，按照佛家的解释，"佛"即"觉"，"觉"即"佛"；其三是将客体对象转化为心灵所观照的色相，所谓"万物静观皆自得"，所得乃是"物象得以孤立绝缘"后，由"空明的觉心"所容纳的"万象"，也就是将自然从现实时空中孤离出来的心境化的物象，本质上乃是一种喻象；其四是所生成之境即为禅境，因为宗白华的"静照"所对应的境界，不仅是"空"的，而且是"静"的，所谓"这自得的、自由的各个生命在静默里吐露光辉"，而其所"吐露"出的"光辉"，便是人的心灵的"灵气往来"，它构成的是一个活泼泼的灵动的世界，是所谓"空寂中生气流行，鸢飞鱼跃"的"华严境界"，②正如宗白华所说过的："禅是动中的极静，也是静中的极动，寂而常照，照而常寂，动静不二，直探生命的本原……静穆的观照和飞跃的生命构成艺术的两元，也是构成'禅'的心灵状态。"③

第三节 "妙悟"境界与宗白华美学的"意境说"

意境，是中国传统美学理论的核心范畴，也是中国传统艺术突出的美学特征。这一概念的形成、发展和完善，经历了漫长的历史过程。宗白华在继承中国传统意境理论精髓的基础上创新发展，形成了他本人独具特色的"意境说"，在我国意境理论的发展历程中，做出了突出的贡献，成为我国意境理论发展链条上最耀眼的一环。

---

① 宗白华. 宗白华全集(二)[M]. 合肥：安徽教育出版社,2008：345—346.
② 宗白华. 宗白华全集(二)[M]. 合肥：安徽教育出版社,2008：336.
③ 宗白华. 宗白华全集(二)[M]. 合肥：安徽教育出版社,2008：364.

对意境的探讨,是宗白华美学研究中的核心内容。宗白华认为,"就中国艺术方面——这中国文化史上最中心最有世界贡献的一方面——研寻其意境的特构,以窥探中国心灵的幽情壮彩"①。因此,他在 20 世纪 20 年代初发表的诗学论文中就触及意境问题,直至晚年,都在孜孜不倦地进行着意境理论的探讨。如果我们把宗白华有关意境的文章做一下简单地梳理,足可以看到宗白华对意境问题研究所下的功夫之深。早在 1920 年 1 月 7 日致郭沫若的信中,以及在 1920 年 2 月 15 日发表的《新诗略谈》中,都涉及了诗歌的意境问题,把意境看作诗歌的本质特点。1943 年 3 月发表的《中国艺术意境之诞生》和 1944 年 1 月发表的《中国艺术意境之诞生(增订稿)》,系统全面地探讨了意境的含义、创造、表现、特点等问题,集中反映了宗白华对意境问题的全面思考。1943 年 5 月发表的《论文艺的空灵与充实》、1945 年 1 月发表的《中国艺术三境界》、1945 年 1 月发表的《中国艺术表现里的虚和实》,概括阐述了中国艺术意境的特征、类型和结构特点等。此外,《中国诗画所表现的空间意识》(1949 年 3 月)、《中西画法所表现的空间意识》(1936 年)、《略论文艺与象征》(1947 年 9 月)、《略论艺术的"价值结构"》(1934 年 7 月)、《介绍两本中国画学的书并论中国的绘画》(1932 年 10 月)、《中国美学史中重要问题的初步探索》(1963 年)、《形与影——罗丹作品学习札记》等多篇文章中,也都从不同的角度涉及意境问题。从这一粗略的梳理中可以看出,宗白华以他那通视古今中外的宏阔视野,以及丰富精熟的艺术实践和艺术理论修养,将中国传统美学理论中一脉相承的意境理论发挥到了极致,成为迄今为止无人能超越的顶峰。

一、意境与艺境

意境与境界,在中国传统美学理论中,原本是两个不同的概念,但在长

---

① 宗白华. 宗白华全集(二)[M]. 合肥:安徽教育出版社,2008:356—357.

期发展衍化过程中,却被后世学者不经意间混同起来。

一般认为,意境这一概念首发于王昌龄的诗论《诗格》:"诗有三境:一曰物镜。欲为山水诗,则张泉石云峰之境,极丽极秀者,神之于心,处身于境,视境于心,莹然掌中,然后用思,了然物象,故得形似。二曰情境。娱乐愁怨皆张于义而处于身,然后用思,深得其情。三曰意境。亦张于义而思之于心,则得其真矣。"王昌龄所说的"意境",是与"物镜""情境"相并称的,是人的内心意识与外境的契合,这与我们现代所说的"意境"虽不能完全等同,但已经接近于现在所谓意境的含义了。后来,皎然提出"取境"说,司空图提出"象外之象,景外之景"等,对意境的情与景、虚与实的关系进行探讨,奠定了意境理论的基本内涵。后来又不断从佛境论、心境论、情景论等理论中汲取营养,宋以后,又经过严羽、王夫之等的深化,意境理论得到丰富和发展。

境界概念的提出要比意境早得多,最早见于《列子·周穆王》:"西极之南隅有国焉,不知境界之所接。"此处境界本指疆界。佛教传入中国后,促进境界概念内涵的延伸,如禅宗三祖僧璨:"极小同大,忘绝境界;极大同小,不见边表。"用来指人修行所达到的程度。宋代朱熹谈从自然山水中"随分占取,做自家境界",将境界概念引向美学范畴。到了明清时期,意境和境界作为美学范畴已经被普遍使用了,叶燮、金圣叹、康有为、梁启超、蒲松龄等都谈到意境和境界,而且在他们的观念中,这二者基本上是一回事。到了王国维,由于他的《人间词话》对于意境理论的完善,同时又对二者内涵未加区分,于是人们就把混淆意境与境界内涵的责任着重落实在了他的头上。

那么,意境和境界究竟有没有区别呢?

杨守森在《艺术境界论》一文中做了这样的区分:"意境强调的是'意'与'境'、'物'与'我'之和谐,而'境界'强调的则是艺术形象中所蕴含的诗性精神空间;'意境'是一个浑然整体概念,'境界'则是一个深度层级概念。一首仅有'意境'的诗,可以是好作品,但不一定是大作品。大作品还需有

'大境界''高境界'。从理论效应来看,'意境'更适应于托物言志或借景抒情之类的诗作,而'境界'则不仅可用之于分析各类诗歌,亦可用之于分析小说、散文、戏剧以及书法、绘画、音乐等各类艺术作品精神空间的大小、格调的高低,以及诗人、作家、艺术家的人格层次等。"①这一论断很有见地,可见"境界"这一概念的外延是大于"意境"的,境界具有层次性,它不仅可以应用到各种艺术领域以表现其所创造的诗意空间,更能应用于人的精神领域,表达人的道德学问等所能达到的层次。

以此观察宗白华的意境理论,我们不难发现,在宗白华的美学理论中,"意境"和"境界"这两个概念还是被混同使用的。宗白华虽然在王国维的基础上,对意境的内涵进行了新的拓展,成为宗白华的一家之说,但在意境和境界的区别问题上,宗白华似乎并没有引起注意:

> 什么是意境? 人与世界接触,因关系的层次不同,可以有五种境界:(1)为满足生理的物质的需要,而有功利境界;(2)因人群共存互爱的关系,而有伦理的境界;(3)因人群组合互制的关系,而有政治的境界;(4)因穷研物理,追求智慧,而有学术的境界;(5)因欲返璞归真,冥合天人,而有宗教的境界。功利境界主于利,伦理境界主于爱,政治境界主于权,学术境界主于真,宗教境界主于神。在介乎后二者的中间,以宇宙人生的具体为对象,玩赏它的色相、秩序、节奏、和谐,借以窥见自我的最深心灵的反应;化实景而为虚境,创形象以为象征,使人类最高的心灵具体化、肉身化,这就是"艺术境界"。艺术境界主于美。②

不难看出,在宗白华这里,所谓"意境""就是'艺术境界'",可见宗白华实际上是在"境界"的意义上使用"意境"这一概念的。他首先将艺术意境

---

① 杨守森.艺术境界论[J].山东师范大学学报:人文社会科学版,2006,(5):26.
② 宗白华.宗白华全集(二)[M].合肥:安徽教育出版社,2008:357—358.

（境界）纳入人与世界关系的精神层次中，揭示出其在人的精神境界中处于较高的层级上。而在《中国艺术意境之诞生》（包括其增定稿）、《中国艺术三境界》《中国诗画所表现的空间意识》等多篇文章中，他还直接使用"境界"这一概念对中国艺术之境界进行了层次的划分，并将他的艺术境界理论应用到绘画、书法、雕塑等艺术的探讨中，着意发掘其所表现的"宇宙意识""空间意识"等。也就是说，在宗白华的理论中，意境和境界这两个概念是等同的，而其内涵则是以"境界"的内涵为主。因此，我们必须立足于"境界"的角度去深入研究探讨，才能够真正理解和把握宗白华的意境（艺术境界）理论的精髓。

二、意境（艺境）的生成与心外无境

宗白华的意境（艺境）理论，深受佛教禅宗境界论的影响。

佛教讲境界有两种意义：一指"十八界"中的"六境"（亦名"六尘"），包括色、声、香、味、触、法，是眼、耳、鼻、舌等六根展开活动的对象。"境界"相当于人们所说的客观世界，然而，佛教认为"境界"乃意识所现出来的"相分"。《起信论》谓："以能见故，境界妄现。"又指学佛修行所达到的境地。如《无量寿经》谓："斯义弘深，非我境界。"丁福保在《佛学大词典》中这样解释道："心之所游履攀缘者，谓之境。如色为眼识所游履，谓之色境，乃至法为意识所游履，谓之法境……又实相之理，为妙智游履之所，故称为境，是属于前之法境。"[①]可知佛教境界理论两个核心问题是"心"与"境"的关系问题，佛教的根本观点是万法唯心，境存于心，心外无境，境由心造。如《大乘起信论》中说："离心则无六尘境界。""若离心念，则无一切境界之相。"从这个意义上说，佛家所说的"境""境界"等，是一切外物在心中映射的结果，它已经不是客观的物质存在，而是主观的精神存在，是一种心中之境、意中之

---

① 丁福保. 佛学大词典[M]. 北京：文物出版社，1984：1247.

境,是主体的意识自体的产物,心或意,决定了境的最终生成。宗白华的意境理论在意境的生成方面,汲取了佛教这种境界理论的精神营养,因而也成就了他自己独特的一家之言。

在上文提及的宗白华对"意境"概念的解释中我们看到,宗白华明确提出"艺术境界"是"宇宙人生"中各种"色相、秩序、节奏、和谐"等具体对象在艺术家"最深心灵"中的"反映",意思就是说,意境是人的心灵与具体的宇宙人生相融合的结果。为了突出这一基本认识,宗白华还做了进一步解释:

> 艺术家以心灵映射万象,代山川而立言,他所表现的是主观的生命情调与客观的自然景象交融互渗,成就一个鸢飞鱼跃,活泼玲珑,渊然而深的灵境;这灵境就是构成艺术之所以为艺术的"意境"。①

宗白华所谓的"艺术境界"不是客观之境,乃艺术家"以心灵映射万象"使"主观生命情调与客观的自然景象交融互渗"所生成的境界,是主观精神与客观对象高度地契合。也就是说,艺术境界本质上是客观对象在艺术家心灵中映射的结果,是"心与境会"的结晶,因此,在对意境概念进行了上述阐释之后,宗白华才能把它简单概括为"意境是'情'与'景'的结晶体"。宗白华在此处使用的是"情"与"景"两个词,我们完全可以把它理解为"心"与"境"的同义语。这是宗白华对意境的生成的最基本的看法,或者说是宗白华所认为的意境生成的最基本的条件。

在"心"与"境"的关系上,宗白华并没有停留在简单的"交融""互渗"这样的层面上,而是反复强调心之于境的重要意义:

> 艺术境界的诞生,归根结底,在于人的性灵中。②

---

① 宗白华.宗白华全集(二)[M].合肥:安徽教育出版社,2008:358.
② 宗白华.宗白华全集(二)[M].合肥:安徽教育出版社,2008:329.

空明的觉心,容纳着万境,万境浸入人的生命,染上人的心灵。①

一切美来自于心灵的源泉,没有心灵的映射,是无所谓美的。②

艺术意境的创构,是使客观景物作我主观情思的象征。

这种微妙境界的实现,端赖艺术家平素的精神涵养,天机的培植,在活泼泼的心灵飞跃而又凝神静照的体验中突然地成就。

艺术境界的显现,绝不是纯客观地机械地描摹自然,而以"心匠自得为高"(米芾语)。尤其是山川景物,烟云变灭,不可临摹,须凭胸臆的创构,才能把握全景。③

在宗白华看来,一切"艺术境界"均生成于人的"性灵中",因此,在艺术境界中,尽管山川景物斐然,但它们"绝不是纯客观地机械地描摹自然",而是在"艺术家平素的精神涵养"和"天机的培植"的基础上,经"凝神静照"的运思活动而展现出来的"活泼泼的心灵飞跃"。也就是说,这里的一切山川景物都被心境化了。此种艺术境界存在于艺术家的心灵中,乃主观之境,心灵之境。正是佛教所谓"心外无境"的境界。正如马祖道一所云:"三界唯心,森罗万象,一法之所印。凡所见色,皆是见心。心不自心,因色有故……于心所生,即名为色。知色空故,生即不生。"(《祖师堂》卷十四——笔者注)因此,宗白华引恽南田之语这样强调:"恽南田所谓'皆灵想之所独辟,总非人间所有!'这是我的所谓'意境'。"④

三、意境(艺境)的层深与禅者的境界

中国宋代禅宗的修行有所谓"三境界"之说。第一境界是"落叶满空山,何处寻行迹",这是借用唐代诗人韦应物《寄全椒山中道士》中的诗句,

---

① 宗白华.宗白华全集(二)[M].合肥:安徽教育出版社,2008:346.
② 宗白华.宗白华全集(二)[M].合肥:安徽教育出版社,2008:358.
③ 宗白华.宗白华全集(二)[M].合肥:安徽教育出版社,2008:360,361.
④ 宗白华.宗白华全集(二)[M].合肥:安徽教育出版社,2008:327.

喻示刚修禅时,因身处于现实境界,身心均为外境所束缚,此时境界是欲寻禅而不得,面对茫茫自然,滚滚红尘,举目所见,无非客体对象。第二境界是"空山无人,水流花开",这是借用苏东坡《十八大罗汉颂》中的诗句,喻示主体禅修精进,对我执和法执已有所破除,心境渐进自由状态,此时虽然寻佛不得,悟禅未竟,但已经进入无欲无人的声色之境,在禅悟上进了一步。第三个境界是"万古长空,一朝风月",语出《五灯会元》,有一次有僧人问崇慧禅师:"达摩祖师尚未来中国时,中国有没有佛法?"崇慧说:"尚未来时的事暂且不论,如今的事怎么做?"僧人不解,又问:"我实在不领会,请大师指点。"崇慧禅师说:"万古长空,一朝风月。"这里的"万古"表时间上的无限,"长空"指空间上的无限;"一朝"表时间上的短暂;"风月"表示事物空间上的具体存在;"万古长空"说的是永恒;"一朝风月"则是刹那间的领悟,喻示时空被勘破,禅者在刹那间获得顿悟,获得解脱,悟入佛的境界。

《五灯会元》中,还记载了一则关于青原惟信禅师的著名公案:"老僧三十年前未参禅时,见山是山,见水是水。及至后来,亲见知识,有个人处,见山不是山,见水不是水。而今得个休歇处,依前见山只是山,见水只是水。"这是青原禅师面对自然山水时内心境界的三次转变。第一步,见山是山,见水是水。这是他未参禅时面对自然山水的内心境界,这是一个客观的观物视角,是一种实境的认知,此时自然山水乃是与主体分离的客观实体对象,主体由于受到个人认知的局限,见到的都是表面现象,故见山是山,见水是水。第二步,见山不是山,见水不是水。这是他参禅以后,由于主体开始破除对象的真实性,不再以认知的角度而是以悟道"空观"的角度去看山水,于是山水从客观时空中孤立出来成为一种意象,不再是外在于主体的客体对象(即自然山水)了,它已经进入主体的心境,融入了主体对山水自性的体悟,故不再将山水视为山水,是一种似觉非觉的状态。这是对前一层境界的提升。第三步,见山只是山,见水只是水。这是一种纯粹的直观,此时山水彻底从时空背景中孤立出来,转化为参悟者的心相。这看似回归到第一步,其实非也,而是一种双重否定的过程,代表着一种自然而然的态度。只有在这种心境下,人才能清心自得,体味到人生的真谛。这是主体所证悟的最高境界。

这两则禅宗公案,让我们看到了禅修者的境界层次。我们再来看宗白华的意境理论。宗白华对中国艺术的境界问题也进行了三个层次的划分:

> 艺术境界不是一个单层的平面的自然的再现,而是一个境界层深的创构。从直观感相的摹写,活跃生命的传达,到最高灵境的启示,可以有三层次。①

> 说起"境界",的确是一个复杂的东西。不但中国艺术里表现的"境界"不同,单就国画来说,也有很多差异。不过,可以综合说来有下述三种境界。

> 一、写实(或写生)的境界。

> 二、传神的境界。

> 三、妙悟的境界。②

在这里,"直观感相的摹写"对应的是"写实(或写生)的境界"。宗白华用几则典型例子来阐述中国艺术的写实精神:《韩非子·外储》中齐王与画客谈论画,而知犬马与人朝夕相伴故画"犬马最难",鬼魅本"无形"故画"鬼魅最易";《历代名画记》中宋太子塑佛像,因"臂胛肥"而导致"面瘦";《画继》中宋徽宗对画者所画"春时日中"的"斜枝月季花""无毫发差"和孔雀飞升时"先举右足"而未"先举左"两幅画的褒与贬。③ 这几则故事所传达的,是中国绘画、雕塑艺术的最基本的审美标准:外形、比例、细节等方面,要与

---

① 宗白华. 宗白华全集(二)[M]. 合肥:安徽教育出版社,2008:362.
② 宗白华. 宗白华全集(二)[M]. 合肥:安徽教育出版社,2008:382.
③ 宗白华. 宗白华全集(二)[M]. 合肥:安徽教育出版社,2008:383.

客观对象本身高度一致，以形似为其基本精神。在这一层次，艺术家要以物象为基础，是对客观对象真实相状的描摹、再现，这就是写实。这与青原惟信禅师"见山是山，见水是水"的境界完全一致，是心灵对客观对象的直接反映，是艺术主体的心灵直接面对外境，对外在对象做出的直观表现，这便是禅家所谓"落叶满空山"的初级境界。

但客观对象的真实性绝不仅仅表现在其外在形貌上，因为"'自然'是无时无处不在'动'的。物即是动，动即是物，不能分离……动者是生命之表示，精神的作用；描写动者，即是表现生命，描写精神。自然万象无不在'活动'中，即是无不在'精神'中，无不在'生命'中"①。因此，宗白华艺术境界的第二个层次是"活跃生命的传达"，它所对应的是"传神的境界"。宗白华以《宣和画谱》中黄荃为蜀后主孟昶画钟馗以拇指"抉鬼之目"则"眼色意思"大异于吴道子之"以二指抉鬼之目"的钟馗图，《唐朝名画记》中"得山水之妙"的李思训以"通神之佳手""所画掩障"而使明皇"夜闻水声"，韩幹以"内厩之马"为师而绘出能"状飞黄之质，图喷玉之奇"的"神品"图画三则故事，具体生动地阐释了中国艺术的传神境界。这是一种"生命与精神的表现"，是在"知其性，忘其形"的基础上对"物的灵魂"的把握，这就是"传神境界"，而且"传神不能板滞，必须生动自然"②。这与青原禅师"见山不是山，见水不是水"的境界也很有相通之处，因为此时画家所画出的自然之物，都已经超脱了客观实景中的自然物本身，融入了主体对自然山水、各色骏马的生命精神的体悟，并将这种生命精神灌注于物象之中，成为一种飞跃生命的表达。这也正是禅者那种"空山无人，水流花开"的自由的心境。

"最高灵境的启示"对应的是"妙悟的境界"。妙悟，即殊妙之觉悟。《华严经》有"妙悟皆满，二行永断"之句，《涅槃无名论》亦有"玄道在于妙悟，妙悟在于即真"之言。妙悟又叫禅悟，是中国禅宗的一个重要范畴之一，

① 宗白华.宗白华全集（一）[M].合肥:安徽教育出版社,2008:312.
② 宗白华.宗白华全集（二）[M].合肥:安徽教育出版社,2008:383—385.

其根本要义在于通过人们的参禅来"识心见性,自成佛道",(《坛经》——笔者注)从而达到本心清净、空灵清澈的精神境界。妙悟的境界就是禅的最高境界。宗白华认为:"艺术的理想境界却是'澄怀观道',在拈花微笑中领悟色相中微妙至深的禅境。"①他还以绘画艺术为例指出:"绘画由于丰满的色相达到最高心灵境界,所谓禅境的表现,种种境层以此为归宿。"在宗白华看来,禅境是艺术的最高境界。那么,这种艺术的禅境究竟是怎样的状态呢?宗白华的解释是:

> 禅是动中的极静,也是静中的极动,寂而常照,照而常寂,动静不二,直探生命的本原。禅是中国人性接触佛教大乘义后体认到自己心灵的深处而灿烂地发挥到哲学境界与艺术境界。静穆的观照和飞跃的生命构成艺术的两元,也是构成"禅"的心灵状态。
>
> 中国艺术意境的创成,既须得屈原的缠绵悱恻,又须得庄子的超旷空灵。缠绵悱恻,才能一往情深,深入万物的核心,所谓"得其环中"。超旷空灵,才能入镜中花,水中月,羚羊挂角,无迹可寻,所谓"超以象外"。色即是空,空即是色,色不异空,空不异色,这不但是盛唐人的诗境,也是宋元人的画境。②

这是宗白华于艺术境界中所参悟到的禅的境界,这种禅境,以静观寂照的思维方式,于缠绵悱恻中而入超旷空灵之境,于超旷空灵中而得镜花水月般超脱的美。此时花是花,月是月,历历眼前;然而花非花,月非月,只是镜像。这不就是青原惟信禅师"见山只是山,见水只是水"的境界吗!这不就是禅者"万古长空,一朝风月"的顿悟境界吗!

四、意境(艺境)的最高审美追求——空灵与充实的统一

在宗白华的意境理论中,中国艺术的最高境界是禅境。禅的境界本质上是悟道的境界,求真的境界,这是一种宗教的境界,也是一种哲学的境界,

---

① 宗白华. 宗白华全集(二)[M]. 合肥:安徽教育出版社,2008:363.
② 宗白华. 宗白华全集(二)[M]. 合肥:安徽教育出版社,2008:364.

这是艺术的哲学根基。而艺术本身毕竟不是禅，它只是艺术，是审美，所以，这种禅的境界还需从审美的角度去认识。所以，宗白华说：

> 哲学求真，道德或宗教求善，介乎二者之间表达我们情绪中的深境和实现人格的谐和的是"美"。
>
> 文学艺术是实现"美"的。文艺从它左邻"宗教"获得深层热情的灌溉……从它的右邻"哲学"获得深隽的人生智慧，宇宙观念，使它能执行"人生批评"和"人生启示"的任务。①

那么这种植根于禅悟的审美境界是一种怎样的境界呢？这就是宗白华所谓的"空灵"的境界。

"空灵"的哲学基础在于禅宗的空观。《金刚经》云："一切有为法，如梦幻泡影。如露亦如电，应作如是观。"也就是说世间一切万法（世间一切物质现象、心理现象、理论现象等等）都是空幻不实的，转瞬即灭的，这是禅宗对世间万法的最基本的认识。但是，禅宗所谓"空"，不是什么都没有的意思，而是"无常""无我"之意，即一切万法都是客观存在的，鲜活生动的，只是没有永恒性的。东晋高僧僧肇写过一篇文章，题目叫作"不真空论"。所谓"不真空论"，意思是说，"不真"就是"空"，"空"就是"不真"，所以"空"并不是否定现象的客观存在，不是讲什么都没有。正因如此，《心经》才有了这样一段著名的经文：色不异空，空不异色，色即是空，空即是色（'色'指的就是世间万法，即一切物质与现象）。这段话启示禅者的心境特征：对世间万象不贪恋，不强求，游心于物质界，以空明之心观照万物，不执着于物，亦不执着于空，色与空相即相入，不相障碍，从而一切困厄，一切迷茫即得烟消云散。

所以禅的境界首先是一种空明超迈的空境，在宗白华看来，这就是艺术

---

① 宗白华.宗白华全集(二)[M].合肥:安徽教育出版社,2008:344.

的理想境界的一种表现形态——空灵。

> 艺术心灵的诞生,在人生忘我的一刹那……在于空诸一切,心无挂碍,和世务暂时绝缘。这时一点觉心,静观万象,万象如在镜中,光明莹洁,而各得其所,呈现着它们各自的充实的、内在的、自由的生命,所谓"万物静观皆自得"。这自得的、自由的各个生命在静默中吐露光辉。
>
> 空明的觉心,容纳着万境,万境进入人的生命,染上了人的心灵。所以周济说:"初学词求空,空则灵气往来。"灵气往来是物象呈现灵魂生命的时候,是美感诞生的时候。
>
> 所以美感的养成在于能空,对物象造成距离,使自己不沾不滞,物象得以孤立绝缘,自成境界。①

其次,禅的境界还是一种物色分明,历历在目,且鲜活生动的有境,在宗白华看来,这就是艺术的理想境界的又一种表现形态——充实。

宗白华不仅借司空图之语来阐述自己的观点:

> 司空图形容壮硕的艺术精神说:"天风浪浪,海山苍苍,真力弥漫,万象在旁。""返虚入浑,积健为雄。""生气远出,不著死灰。妙造自然,伊谁为裁。""是有真宰,与之浮沉。""吞吐大荒,由道反气。""与道适往,著手成春。""行神如空,飞气如虹!"艺术家精力充实,气象万千,艺术的创造追随真实的创造。②

宗白华还以元代大画家黄子久终日"沉酣于自然中的生活",所以画出"沉郁变化,与造化争神奇"之画等事例,强调说明它们也同样"都显现出中

---

① 宗白华.宗白华全集(二)[M].合肥:安徽教育出版社,2008:345.
② 宗白华.宗白华全集(二)[M].合肥:安徽教育出版社,2008:348.

国艺术境界的最高成就"。①

于是,宗白华得出这样的结论:"空灵与充实是艺术精神的两元"②。当然,此二者绝不是二元对立的矛盾体,而是相即相入的和谐统一体,因为"由能空、能舍,而后能深、能实,然后宇宙生命中一切理一切事,无不把它的最深意义灿然呈露于前"。这是"艺术心灵所能达到的最高境界",是一种"空寂中生气流行,鸢飞鱼跃,是中国人艺术心灵与宇宙意象'两镜相入',互设互映的华严境界",③中国艺术因此达到"极高的成就"④。

"同情""静照""意境",是宗白华美学思想的三个核心范畴,最能体现其思想的本质特色,

第四节　禅与宗白华的"流云"小诗

宗白华首先是一位了不起的美学家,但同时也是一位很有诗情的了不起的诗人。他的《流云小诗》在 20 世纪 20 年代,曾经是享誉诗坛的殿军之作,也是其美学思想在诗歌创作领域中的真切体现。《流云小诗》这是宗白华唯一的诗集,是中国现代文学史上小诗一派的殿军之作,具有重要的地位和深远的影响。1945 年毛泽东、周恩来在重庆召开座谈会,会见少年中国学会在重庆的会员时,毛泽东就曾经拍着宗白华的肩膀问他,你现在"流云"小诗还写不写⑤,可见其"流云"小诗在当时的影响之大。

宗白华在 1920 年 1 月 30 日致郭沫若的信中这样说道:"你是由文学渐渐地入于哲学,我恐怕要由哲学渐渐地结束于文学了。因我已从哲学中觉得宇宙的真相最好是用艺术表现,不是纯粹的名言所能写出的,所以我认为将来最真切的哲学就是一首'宇宙诗',我将来的事业也就是尽力加入这首

① 宗白华.宗白华全集(二)[M].合肥:安徽教育出版社,2008:349.
② 宗白华.宗白华全集(二)[M].合肥:安徽教育出版社,2008:345.
③ 宗白华.宗白华全集(二)[M].合肥:安徽教育出版社,2008:372.
④ 宗白华.宗白华全集(二)[M].合肥:安徽教育出版社,2008:349—350.
⑤ 邹士方.是真名士自风流//丁家琪等.绿色的岁月[M].北京:春秋出版社,1989:265.

诗的一部分罢了。"他在评价郭沫若的诗时还说过,诗"以哲理做骨子,所以意味浓深"①。在宗白华哲学思考和美学追求的整体背景下来理解他的小诗,更能深入精髓,得其精神,反过来也能成为进一步深入理解和把握他的美学思想的有效佐证。

一、宗白华小诗概况梳理

小诗在中国20世纪20年代诗歌史上的地位是众所周知的,它跨越了文学社团与流派,形成一种影响广泛的诗歌运动,成为风靡一时的诗歌体裁,成为新诗坛上的宠儿,成为一个时代的象征。当时许多著名的诗人几乎都涉猎过小诗,而在众多的诗人中,最有影响的、成就最突出的当属冰心和宗白华。"在这个诗的世界里,诗人宗白华寻得了自己灵魂的安慰、情绪的抒发、生命的充实,发现了人生广大的审美天空。他在诗海里呼吸着自由的生命气息,在诗意的构造里捕捉了生命的那一份细微颤动。"②

在1994年由安徽教育出版社出版的《宗白华全集》中,粗略统计,收入宗白华的诗作大约87首。如果按年代统计,大致情况是:

1914年4首,1919年创作1首,1920年1首,1922年创作71首,1923年创作4首,无明确年代标记的3首(应该在1923年前后),1933年1首,1939年1首,1947年创作1首。可见,1922年至1923年是他小诗创作的高峰期,有78首之多。1923年由上海亚东图书馆首次以"流云"为题出版时,收入46首,1928年以"流云小诗"为题再版时增至49首,正是他这一时期的诗作。

1922年、1923年,这正是宗白华在德国留学的时期,关于"流云"小诗的写作,宗白华在他的《我和诗》中曾经做过这样的回忆:

---

① 宗白华.宗白华全集(一)[M].合肥:安徽教育出版社,2008:225,226.
② 王德胜.宗白华评传[M].北京:商务印书馆,2010:118.

1921年的冬天，在一位景慕东方文明的教授夫妇的家里，过了一个罗曼蒂克的夜晚；夜阑人静，踏着雪里的蓝光走回的时候，因着某一种柔情的萦绕，我开始了写诗的冲动，从那以后，横亘约莫一年的时光，常常被一种创造的情调占有着。在黄昏的微步、星夜的默坐、大庭广众中的孤寂，时常仿佛听见耳边有一些无名的音调，把捉不住而呼之欲出。往往是夜里躺在床上熄了灯，大都会千万人声归于休息的时候，一颗颤栗不寐的心兴奋着，寂静中感觉到窗外横躺着的大城在喘息，在一种停匀着的节奏中喘息，仿佛一座平波微动的大海，一轮冷月俯临这动极而静的世界，不禁有许多遥远的思想来袭我的心，似惆怅，又似喜悦，似觉悟，又似恍惚。无限凄凉之感里，夹着无限热爱之感。似乎这微渺的心和那遥远的自然，和那茫茫的广大的人类，打通了一道地下的深沉的神秘的暗道，在绝对的静寂里获得自然人生最亲密的接触。我的流云小诗，多半是在这样的心境中写出的。①

不难看出，这一段德国留学时光，在宗白华的诗歌创作过程中起到了决定性的作用。这一时期正是宗白华广泛深入地了解西方文化的时期，他努力学习西方的科学、哲学、艺术，东西方文化在他的心灵深处无疑形成猛烈地撞击，所以他曾经对自己在德国的生活做过这样的描述："我在此过的生活，一半是印象的生活，一半是冲动的生活。印象从各方面来了，杂不可理。冲动向各方面去了，忙不可收。"②这便促成了他的"流云"小诗的诞生。

二、宗白华"流云"小诗的意象选择和意境创造

宗白华的"流云"小诗虽然是在德国留学期间创作的，浓重的西方文化氛围、哲学思想是他"流云"小诗的现实文化背景，但实际上正像他自己所

---

① 宗白华.宗白华全集(二)[M].合肥:安徽教育出版社,2008:155.
② 宗白华.宗白华全集(一)[M].合肥:安徽教育出版社,2008:414.

说,他在西方文化的包围和浸润中,反而进一步体悟了"中国旧文化实有伟大优美的,万不可磨灭"的东西,使他在"极尊敬西洋的学术艺术"的基础上,反而更加"极力发挥中国民族文化的'个性'"了,①这鲜明地表现在他的"流云"小诗的意象选择和意境创造上,使得他的"流云"小诗充满了浓郁的佛禅意趣。

(一)流云

宗白华小诗的核心意象为"流云"。他的小诗集命名为"流云小诗",他有多首小诗以"流云"为总题发表,或以"流云"为具体吟咏对象。可以说,流云是宗白华小诗的总意象,在这一总意象统摄下,还有白云、晓云、愁云、云波、层云等,成为一种云的意象组合。宗白华赋予这些意象以丰富的内涵,有时代表着一种生命意识,如"我生命的流/是海洋上的云波/永远地照见了海天的蔚蓝无尽"。有时代表着一种信仰与追求,如"我信仰流云,如我的友","流云啊! 流云! /天宇辽阔,天风怒吼。/你一刻不停地孤飞,/是要向黑暗么? 要向光明呢"? 有时成为他情感的寄托,如"悲歌些什么? /惆怅些什么? /白云也无穷,/害怕你的一寸情怀,/无所寄托么"? 有时又成为他思想的闪现,如"白云流空,/便是思想片片"。②

流云是宗白华生命中最幽远又最切近的心境。儿时的宗白华对天空的白云情有独钟,将白云视为心灵中最亲密的伴侣。他在南京居住期间,经常到郊外游玩,常常一个人坐在水边石上看天空白云的变幻,云的不同形象动态,各种变幻的形态,都成为他把玩的对象。他经常天真地将天空中的白云做汉代的云、唐代的云、抒情的云、戏剧的云之类的分别,甚至幻想要作一个"云谱"。当他开始读唐诗时,最喜欢吟咏的诗句也是王维的诗句,"他那两句诗'行到水穷处,坐看云起时',时常挂在我的口边,尤其在我独自一人散

---

① 宗白华.宗白华全集(一)[M].合肥:安徽教育出版社,2008:321.
② 宗白华.宗白华全集(一)[M].合肥:安徽教育出版社,2008:151.

步于同济附近田野的时候"①。

流云(白云)与禅,似乎有着不可分割的精神联系。白云的故乡是虚空,宁静深邃,高远晴明,白云在这样的境界中的状态恰是随缘任运,舒卷自如,悠闲逍遥,自由自在,最能代表禅者的心境与精神境界。因此白云意象便成为诗歌禅境的最好表达之一。"云是古今中外诗人偏爱的意象之一。在中国,'闲云野鹤'历来是高人逸士的人格表征,而'去留无意,看天上云卷云舒'更成为士人洒落胸襟的写照。"②如陶渊明《归去来兮辞》有"云无心而出岫,鸟倦飞而知还",韦庄有"去燕数行天际没,孤云一点静中生",杜甫有"水流心不净,云在意俱迟",苏轼《望云楼》有"出本无心归亦好,白云还似望云人",等等,诗人们都在白云的自如中,体会到自由自在的情态,静远空灵的境界,自然纯净的本心。古典文学底蕴深厚的宗白华,"不仅继承了云意象的传统内涵,还赋予这一意象以新的生命情调……甚至可以说,宗白华与流云,已经成了一对密不可分的组合,一组固定的搭配"③。为他的"流云"小诗,创造出了悠远自如的意境。

(二)月与星

除了云之外,宗白华小诗中出现最多并富有特色的意象就是月与星。

月与星,都是佛教极为重要的意象。月亮以其圆满无缺,有无限清凉之大光明普照世间的特性,在佛经中被用作如来佛性的一个譬喻。我国禅宗思想家们,更是在水月之喻中,感悟深奥的禅思妙理。如唐代永嘉禅师《证道歌》中云:"一性圆通一切性,一法遍含一切法,一月普现一切水,一切水月一月摄。"相近的提法还有"一月千江""月印万川"之喻。月亮被禅者视为智慧和光明的喻象,它圆满无缺,遥挂天上,而地上的一切水面,无一例外地映现出天上的月亮,就如同真如法性统摄世间万法无二无别。这是修行

---

① 宗白华.宗白华全集(二)[M].合肥:安徽教育出版社,2008:151.
② 汪裕雄.艺境无涯[M].北京:人民出版社,2013:167.
③ 汪裕雄.艺境无涯[M].北京:人民出版社,2013:167.

者证得的一种禅境,它进一步延伸化为一种诗境,使人在月的直观中,获得美感,感悟人生,领悟真理,这便使诗歌获得了深妙的禅意。在中国,此类禅诗成为诗史上的一股清流,绵延无尽。

关于星,佛教直接书写的并不多,但星对佛教的意义却似乎更大。当年释迦牟尼佛在菩提树下睹明星而悟道,明星就成为黑暗中的光明的象征,它能指导人彻悟真理,证得清净智慧。

这无疑也深刻影响了宗白华"流云"小诗的意象选择,在他的小诗群落中,星与月是他吟咏的重要对象,他去追逐星月的光,去感悟星月对心灵的启迪。因此,宗白华笔下的月与星,便具有了这样的特点:要么唤醒沉梦,使人警醒:"心中无限的幽凉,/几时才能解脱呢?!/高楼底月,/照我床上。""高楼外/月照海上的层云,/仿佛是一盏孤灯临着地球的浓梦。""半夜的月明,/惊断了一痕清梦。"要么是黑夜中的光明:"灯儿熄了,/心儿寂了,/满天的繁星,/缤纷灿着。"要么是纯情挚爱:"天上的繁星,/人间的儿童。""唯有你,/是我心中的明月。/清光常伴我碧夜的流云。"要么是自己孤明的心灵:"一时间,/觉得我的微躯,/是一颗小星,/莹然万星里,/随着星流。"它们总是带给人清醒、光明、希望。

(三)镜与灯

宗白华小诗中另一组重要意象是镜与灯。镜与灯,是佛教经常使用的著名传统意象,均与心密切相关。如果说月与星代表着宇宙人生永恒的真理,具有一定的客观性、外在性的话,那么镜与灯则代表着人的心性,具有一定的主体性、内在性。

在佛经中,镜是心的喻象,《楞伽经》《大乘起信论》等重要经典中均有相关譬喻,而最著名且对中国思想影响最大的,莫过于中国佛教经典《坛经》中的两首著名偈颂。一首是神秀的"身是菩提树,心如明镜台,时时勤拂拭,勿使惹尘埃"。另一首是慧能的"菩提本无树,明镜亦非台,本来无一物,何处惹尘埃"!这表明了佛教对心的三种境界的看法:觉者的心如本真的镜,其本性是圆明无垢、清净空虚的,它本身并无任何像(相),但它能朗照对象,映现万有,而镜中万有虽历历清明,其本质却是空幻不实的;众生的心如染垢的镜,被"无明"覆盖,不见真相,故总是以无为有,以假为真;修行者虽了解真相但未达真境,故需对镜经常"拂拭",以便能不断除去"尘埃",努力使之臻于清净圆明。宗白华小诗中,不仅以镜喻心,"诗中的镜,/仿佛是镜中的花,/镜花被戴了玻璃的清影,/诗镜涵映了诗人的灵心","一会儿,/又觉着我的心,/是一张明镜,/宇宙的万星,/在里面灿着","月天如镜,/照着海平如镜。/四面海天的镜光,/映着存心如镜",而且这一心镜也很具有虚涵宇宙、统摄万有、清净灵明的觉性,这岂不是禅心如镜!

灯在佛经中的喻意为般若智慧的光明,故称心灯。慧能大师在《坛经》中说:"一灯能除千年暗,一智能灭万年愚。"张节末在《禅宗美学》中说:"禅者的彻悟,总是于某一境上孤明独发,就如一盏小小的油灯突然点亮,驱除了周遭的黑暗。"①禅宗主张不立文字,其法统的传承即为心心相印,也称为"传灯"。宗白华的小诗中所写的灯:"高楼外,/月照海上的层云/,仿佛是一盏孤灯临着地球的浓梦。""伟大的夜,/我起来颂扬你!/你消灭了世间的一切界限,/你点灼了人间无数心灯。""我筑室在海滨上,/紫霞作帘幕,/红日为孤灯。"这显然不是物质之灯,而是禅意涵咏下的心灯,孤灯,照彻宇宙的智慧光明之灯,与禅宗思想家赋予灯意象的寓意何其一致。

(四)海

海是佛经中最重要的象征之一,它最常被用来喻指"人生之海",它汪洋无际,深不可测,充满众苦,众生如生活在苦海之中,头出头没,生死轮回,无有出头之日。此外,佛经中也常用它来喻指浩如烟海的佛法义理,因为海潮声势浩大,震撼人心,因此佛教也常用"海潮音"来比喻佛菩萨应机说法的"妙音"。

---

① 张节末.禅宗美学[M].北京:北京大学出版社,2006:106—107.

海,也是宗白华"流云"小诗中经常出现的意象,是诗人抒情写意的重要的背景之一,如"月夜的海","星夜的海","狂风怒涛的海","清晨晓雾的海","一望无际的金碧的海"等等。海启迪了宗白华的心灵,也给了他无穷的奇思妙想。在《筑室》一诗中,宗白华还化用了"海潮音"这一佛学典故:"我筑室在海滨上/紫霞作帘幕,/红日为孤灯。/白云与我语,/碧月照我行。/黄昏倚坐青石下,/蓝空卷来海潮音。"让人感受到海带给宗白华的启迪,感受到一个禅者静而灵动的扩大的心境。

宗白华小诗中除了云、月、星、镜、灯、海等特色鲜明的意象外,出现较多的还有水、泉等,很多时候它们是多重意象的组合,构成一个灵动飞扬的世界,而这一世界却往往以海、空、宇宙为大背景,蕴含于广阔无垠、静谧深邃的空间中,再伴以夜的寂静、梦的朦胧、蓝光的清幽,便塑造出一种亦真亦幻、清净幽远、空寂灵明的禅的心灵境界。

三、宗白华"流云"小诗的佛禅基因

纵观20世纪20年代中国诗坛上的小诗这股清风,主要是受希腊诗铭、日本俳句,尤其是印度泰戈尔小诗的影响形成的。如其中的代表人物冰心的创作,就明显受到了袭泰戈尔诗风的影响,闻一多在1932年12月3日《时事新报》副刊《文学》第99期上,曾发表《泰戈尔批评》一文,称冰心是"最善学泰戈尔"的女作家,徐志摩在1923年9月10日的《小说月报》第14卷9号上也发表《泰戈尔来华》一文,称冰心为"最有名的形神毕肖的泰戈尔的私淑弟子"。宗白华的小诗却与众不同,主要是受中国古典诗歌的影响,其内在精神方面具有明显的佛禅基因。

宗白华小诗的佛禅基因主要来自以下三个方面。

首先是天生的禀赋。宗白华说过:"我后来写小诗却也不完全是偶然的事。回想我幼年时一些性情特点,是和后来的写诗不能说没有关系的。"宗白华幼年时期的性情特点可以概括为:内倾的性格,敏感的思维,喜欢独处,

富于幻想,长于体悟,对大自然天然的倾心,还有那经常萦回于内心的"一缕说不出的深切的凄凉",这一切都可以在他"对远寺的钟声"的"追寻"和"无名的隔世的相思"①中得到解释——这是一种远离世俗的超然的心态,是禅者的精神特质。这种禅者的精神特质铸就了他的"流云"小诗最深的心灵。

其次是佛经的启迪。宗白华在1923年写作的《我和诗》一文中说过,1917年秋,在上海同济读书时,"同房间里一位朋友,很信佛,常常盘坐在床上朗诵《华严经》,音调高朗清远有出世之概,我很感动。我喜欢躺在床上瞑目静听他歌唱的词句,《华严经》词句的优美,引起我读它的兴趣。而那庄严伟大的佛理境界投合我潜在的哲学的冥想"②。华严宗与禅宗,是中国佛教史上最有影响的两个宗派,其思想在唐代几乎是并驾齐驱,十分盛行,对中国文化有着深远地影响。唐以后禅宗盛行,华严宗逐渐势弱。但近代佛学复兴,佛教学者高举唯识学大旗,实际上兼收并蓄,相互融通,成就了近代佛学的宏阔通达的思想特点。在这样的背景下,《华严经》自然成为近代学人所钟爱的佛学经典。它那"庄严伟大的佛理境界",在佛教界看来是佛国的庄严,在哲学家看来是深奥的哲理,在诗人看来就是绝妙的审美,是一个充满庄严肃穆之美的灵动的诗意空间。宗白华在给郭沫若的信中曾经说过:"因我心中常常也有这种同等的境界,只是因为平日多在'概念世界'中分析康德哲学,不常在'直觉世界'中感觉自然的神秘,所以……一时得不着名言将他表写出来",可后来他却认识到哲学就是一首"宇宙诗","我将来的事业也就是尽力加入这首诗的一部分罢了"。③毫无疑问,《华严经》所塑造的曙光流彩、舒卷自如、重重无尽、圆融无碍的佛理圣境,最终铸就了宗白华"流云"小诗的深层境界。

第三是唐诗的影响。宗白华自己说过,他的小诗创作"和日本的俳句毫

---

① 宗白华.宗白华全集(二)[M].合肥:安徽教育出版社,2008:149—151.
② 宗白华.宗白华全集(二)[M].合肥:安徽教育出版社,2008:151.
③ 宗白华.宗白华全集(二)[M].合肥:安徽教育出版社,2008:214,225.

不相干,泰戈尔的影响也不大","唐人的绝句,像王、孟、韦、柳等人的,境界闲和静穆,态度天真自然,寓秾丽于冲淡之中,我顶喜欢。后来我爱写小诗、短诗,可以说承受唐人绝句的影响","他们(王、孟)的诗境,正合我的情味,尤其是王摩诘的清丽淡远,很投我那时的癖好"。[①] 可见唐诗对宗白华的影响,不仅是短而小的形式,更是悠闲肃穆、冲淡自然的境界。王、孟、韦、柳之诗本就与禅境相通,王维被称为"诗佛",他的诗更是唐代文人禅诗的代表。王维自号"摩诘",他一生参究佛理,对华严宗、南派禅宗都有深入地研究。禅宗的那种宁静淡泊、自然洒脱、旷达无碍的精神境界,深深融入他对自然山水的体悟之中,因此,他的诗以清净淡雅、空灵悠远的禅境而给后人以深远影响。宗白华在吟诵王维的诗句时,自然也沐浴在王维诗歌的禅机妙理之中,潜移默化地受到其深刻影响,这自然成就了宗白华"流云"小诗的禅学意趣和风格。

---

① 宗白华.宗白华全集(二)[M].合肥:安徽教育出版社,2008:151.

第五章　佛学对宗白华科技美学思想的影响

20 世纪之初,正是中国科技昌明的时代。随着西方科技思想的不断输入,一些进步知识分子纷纷高举科技的大旗,反思和声讨旧文化旧思想的保守愚昧,意欲推翻固有文化传统,建立以科学、民主为可信的新文化、新思想、新秩序。然而具有深厚的佛学修养的宗白华,却能够在众人倾倒于科学、民主的时代潮流中,以深邃的佛学智慧对现代科技进行价值思考,确立独特的科技美学思想。

第一节　20 世纪科学与佛学的相遇相知

自 17 世纪近代科学在西方兴起,人类文明走向一个崭新的局面——现代化。代表着旧时代、旧传统的宗教与代表着新时代、新思想的科学,便产生了激烈地冲突,而且愈演愈烈。在激烈地冲突后,科学思想历史地占据了世界文化的主流地位。在这样的背景下,科学几乎成为新时代衡量一切事物的尚方宝剑,终极标准,宗教则被贬斥为违背科学的盲目信仰,其所建立的世界观和价值标准,更被近代科学所推崇的客观理性所推翻。随着西学东渐热潮的不断深入,19 世纪末至 20 世纪初的中国,社会各阶层都将科学技术视为中国脱贫振兴的根本动力,当时的一些知识分子几乎将科学作为一种万能的钥匙,甚至作为一种教条来接受。如胡适在 1923 年发表的《科学与人生观·序》中说:"这三十年来,有一个名词在国内几乎到了无上尊严的地位,无论懂与不懂的人,无论守旧与维新的人,都不敢公然对它表示轻视或戏侮的态度。那个名词就是'科学'。"当时一些比较激进的杂志如《新青年》等,它们高举科学民主的大旗,向一切旧文化、旧传统发起猛烈攻击,这其中,佛教文化亦在横扫之列,科学与佛教产生不可调和地、激烈地冲突,是自然而然的事情,所以当时的许多学者都曾著文对佛教进行批判声讨。

在一片反佛的浪朝中,另一派曾受佛学影响较深的进步知识分子却开始理性地探讨佛学与科学之间的关系。

一、努力探讨佛学与科学的精神一致性

梁启超作为经世派佛学代表的人物,视佛学为"应用佛学",努力扬弃传统佛学中消极遁世的一面,大力阐发佛教涉世入世的一面,不仅推动了佛学的入世转向,同时也为佛学与科学之间搭建了一个沟通的桥梁,这就是他的所谓佛教信仰的"智信观"。

梁启超认为,所有的宗教都具有神学迷信和劝人为善两方面内容,如果从迷信的角度看,宗教与科学是格格不入的,他必然会限制人的思想,当然应该彻底废除。但从劝人为善的角度看,宗教具有积极向上的内容,这方面却是积极的,在拯救民心,团结向上等方面,是有意义、有价值的。他认为中国民众长期以来就缺乏信仰,而在近代的历史条件下,中国要想生存发展下去,首要的是拯救民族精神,具体地说,就是要寻找一种"最高尚"的"新信仰"。在他深入地考察世界各种宗教之后,他认为最适合中国人的宗教信仰就是佛教信仰。这倒并不仅仅是因为中国民众比较熟悉佛教,而是他发现佛教有这样几方面优势,首先是从佛教与政治的关系看,梁启超认为佛教最适合于群治;其次是从佛教与文化的关系上看,佛教是人类文化的最高成就,是"最崇贵最圆满之宗教";其三是从佛教与自然科学的关系上看,近代

自然科学一再证明了"佛理之不诬"①,自然科学"暗合佛理"②;其四是从佛教与哲学的关系上看,历代讲哲理者,唯"以佛说为最圆满"。因此,在梁启超看来,佛教是最可信仰的宗教,当然也最适合中国的国情和民众。

在梁启超关于佛教的这四种理由中,第三条明确阐述了他对佛学与自然科学的关系的看法。在梁启超看来,佛学与科学的精神,在本质上是一致的,因为它们探讨的都是宇宙间的根本真理。梁启超甚至从康德哲学的阐发的角度来证明这一点,如他认为康德哲学"大近佛学",甚而略逊于佛学,佛学有康德哲学所不及之处。梁启超甚至还著有《佛教心理学浅测》一书,认为佛学在一定程度上就是一种心理学,许多佛学术语,讲的都是现代心理学的内容,他曾表示要用佛家的方法去研究心理学这高深莫测的内容。他甚至认为,佛教唯识学的根本观点——宇宙万有乃心识所变现的结果——是极科学的。

总之,在梁启超的研究中,佛学与科学在内在精神上找到了契合点,这不能不说是为佛学与近代科学之间搭建起一座沟通的桥梁。

二、视佛学为研究人生的一种科学方法

以太虚为代表的寺僧派佛学,大力提倡"人生佛教"。太虚大师一生致力于佛学的价值研究和佛学自身的改革,由于生活于科学昌盛的时代,所以他在佛学实践中十分关注当时社会所取得的科学成就,对于与近代科学关系密切的西方哲学也进行过研究,并努力调和佛学与科学的关系。

在佛学与科学的关系方面,太虚大师的首要贡献就是认为佛学与科学关系甚是密切,将佛学视为研究人生的"科学方法"。我们知道,佛学探讨的最根本的问题就是宇宙人生的"真谛"问题,他认为,要想明确这宇宙人生的最根本的道理,"皆需用广义科学的瑜伽方法",这种"科学的瑜伽方

---

① 梁启超. 梁启超选集[M]. 上海:上海人民出版社,1984:826.
② 麻天祥. 20 世纪中国佛学问题[M]. 长沙:湖南教育出版社,2001:296.

法"就是佛教的瑜伽方法。也就是说,在佛教之外,也有瑜伽方法,这在当今社会上也不乏传播的事实,但在太虚大师看来,佛教之外的瑜伽方法只能算是"常识的瑜伽方法",科学性不够强,唯有佛学的瑜伽方法是最科学的,对于难知易知的各种现象,都能有正确的认识。因此,太虚大师建议要在佛学的指导下,用"科学的方法"来研究人生,这实际上是在努力推进佛学的科学性的阐发。

此外,太虚大师甚至要求用唯物科学来阐释佛教"唯识宗学"的科学性。如他曾用微生物学、天文学、光学等解释佛经中演说的某些具体的佛理,以此得出结论:"佛乘唯识学,其贵乎理真事实,较唯物科学过无不及"。太虚大师以科学求证佛学的真实性,虽然其落脚点还在于证明佛学的"理真事实",其目的是让近代人在科学的浪潮中不要轻易否定佛学,以保证佛学在现实历史条件下的地位不动摇,其立场还是宗教性的,但在他的努力调和中,佛学与科学的关系实际上是越走越近了。

三、视佛学为科学的研究对象

以欧阳竟无、吕澂等为代表的居士佛学派,在近代史上具有较大的影响,在佛学与科学的关系方面,他们突出的贡献是将佛学作为一种科学的研究对象加以深入研究。

欧阳竟无、吕澂都具有较突出的科学素养,对近代科学如天文学、数学、农学、经济学等都有一定的研究,同时他们又是近代佛学史上具有巨大影响力的佛学院南京支那内学院(后来扩大为法相大学)的创立者,他们致力于佛经的刻印、流通、佛学人才的培养,为近代佛学的复兴做出了突出的贡献。正是由于这样的个人文化背景,使得他们在佛学与科学关系研究的领域的贡献,几乎是他人难以企及的。

他们的一个突出特征就是学习近代西方学术注重方法论的思想,以科学的方法进行佛学研究。如欧阳竟无作为虔诚的佛教居士,为了让更多的人都来信仰佛教,推崇佛法,他提出了自己的研究方法——"结论后之研究"方法,即先将佛学中的一些基本命题视为正确的结论,然后再进行论证,证明它的真理性。他还把佛教唯识学看成佛教中专门谈方法论的学问,重视用唯识学的方法进行佛学研究,形成他自己关于佛法的认识,凸显佛法的方法论功能。在我们今天看来,欧阳竟无所倡导的这些方法的科学性虽然确实有一些问题,但在当时的历史条件下,我们应该充分肯定他的方法论思维,他实际上已经有了现代科学方法论的意识,并有了以这种方法论为指导的对佛学进行"学术性"研究的初步实践。

相比较之下,吕澂的佛学研究更注重西方近代科学的分析方法,更富有科学的理性精神。如他明确提出要用近代科学的眼光来研究佛学,甚至主张要实事求是,既有继承,又应当有分析批判。所以,他对佛学就不像欧阳竟无那样主张全盘接受,而是在分析研究中有所选择,其态度更科学。不仅如此,他还做了大量的佛典和义理的考证与辨伪工作,对于佛学研究起到了重要的推动作用。同时,他还运用哲学史一般的研究方法,对佛学的特殊范畴、发展规律等,进行了深入研究,解决了许多历史遗留问题。

欧阳竟无和吕澂的研究,成就是相当巨大的,为后人提供了一系列新的佛学思想和新的研究方法与研究视角,将佛学与科学的关系又向前推进了一步。

四、视佛学为一种应用科学

在这一思潮的影响下,一些科学家也加入到融通佛学与科学的行列中。"他们或以佛学比附科学,或以科学观察佛学,均以不同的方式沟通佛学与科学,为佛学在近现代的发展做出了积极的贡献。"

近代科学先驱者王季同就是科学家进行佛学研究的代表人物。王季同在当时是我国为数不多的享誉海内外的科学家,曾任教于北京大学。曾经以为宗教与科学是无法互通的,但后来却成为一个坚定的佛教信仰者,尤其折服于佛学的圆融精神,认为佛教既不是其他宗教和近代西方哲学所可比拟的,也绝非科学知识所能推翻的,二者可以互相发明。他曾发表文章《佛教与科学》,并出版《佛学与科学的比较研究》等多本著作,力图证明佛学是应用科学,是实证哲学,是根本的真理,合理的宗教。

他融会贯通科学与佛学的精神,并引经据典,以大量的资料来证明佛教是彻底的辩证法。他认为佛教不仅和黑格尔的辩证法不谋而合,而且还比黑格尔的哲学更彻底。他认为佛教不过是东方的"非欧科学",自然科学只是西方的"欧式科学"而已,二者其实并不矛盾,甚至有许多地方是"不谋而合"的,他最终走上了以佛学统摄科学的道路。

受王季同影响,另一位学者尤智表也成为积极探索佛学与科学的相通性问题的科学家。他著有《一个科学者研究佛经的报告》《佛教科学观》等著作,在视佛学为应用科学的道路上走得更远。他甚至提出科学中的一切物理变化和化学变化都可以说明佛经中的"一切因缘法,我说即是空"的道理,他甚至认为佛经文法、章法、句法、文体、定名等各方面,都具有相当的科学性,认为佛经与科学一样,都注重实验。总之,他以科学的立场来解说佛教不是迷信,而是更彻底的科学等。

正是由于这些知识分子不遗余力地研究探讨与阐发弘扬,20世纪初中国的佛学与近代科学在社会大变革、思想文化大转型的历史条件下,形成了良好的互动关系,无论在我们今天看来这些思想家们的理论学说有多少需要澄清或矫正的地方,在当时的历史条件下,却不能不说是一次了不起的思想大交会、精神大贯通,实现了佛学与科学的相融与相知,使那个时代的学者们能够集佛学的圆融智慧、思辨精神与科学的、理性的精神于一身,为中国近代文化思想的转型及其发展进步,贡献出了不起的真知灼见。宗白华的科技美学思想,就是在这样的社会思潮的总体背景下确立的。

第二节 宗白华科技美学思想的基本特色

在宗白华的美学思想体系中,关于近代科技的美学思考,似乎至今还没有受到学者们足够的重视。这一方面可能是因为宗白华相关的文章的确很少,翻遍宗白华全集,完整独立的文章只有三篇,《近代技术的精神价值》《技术与艺术》《谈技术美学》。《近代技术的精神价值》一文发表于 1938 年 7 月 10 日出版的《新民族》第 1 卷第 20 期,这是一篇难得的用哲学智慧审视近代技术的文章。《技术与艺术》一文发表于 1938 年 7 月 24 日出版的《时事新报·学灯》(渝版)第 8 期,本文探讨了技术与艺术的本质联系。《谈技术美学》是一篇在他人文章中摘录出来的关于建立技术美学学科的必要性的短文。此外,在宗白华为一些著作、文章写的按语中,有部分零星的观点,在宗白华大量的闪烁着真知灼见的艺术美学论文中,这的确是微不足道。另一方面可能是因为宗白华美学思想的主要成就表现在他对中国艺术的美学研究方面,关于科学技术的美学成就几乎被淹没,学者们觉得没必要在这方面多费精力。但综观现代美学史上的诸多名家,我们发现宗白华关于近代科技的美学思考是独具特色的,对于我们认识宗白华很有价值,它可以让我们看到宗白华美学思想中又一与众不同的真知灼见,而这与宗白华的佛学修养同样有着重要的联系。

科学与技术是两个不同的概念,二者既有不可分割的联系,又有显而易见的区别。简单地说,科学是有系统的、有条理的知识体系,是人对客观世界的本质的认识。技术则是人们依据对客观世界的认识——或者说是应用科学知识——而制定的改造、加工客观对象的系统的方法、手段、技能等。科学与技术相互渗透,相互包含,相互促进,你中有我,我中有你,难舍难分,这也就是为什么人们常常把科学与技术混为一谈,或者将二者结合起来,直称为"科技"的原因。然而,科学毕竟属于知识的层面、理论的层面,对技术具有指导性价值;技术则属于生活的层面、实践的层面,是科学的现实应用,二者是有明显区别的。宗白华对此有清醒地认识,因此,他对科学、技术的美学思考,也就表现出不同的特点。

一、对近代科学坚定不移的信仰

崇尚科学,是宗白华科技美学思想的一大重要表征。宗白华的各类文章中,始终蕴含着坚定不移的科学主义精神。

第一,宗白华以科学知识、原理来介绍、阐释或证明西方哲学思想。

这一点,在宗白华最早介绍叔本华、康德哲学的文章中有突出表现。如他的第一篇哲学论文《萧彭浩哲学大意》的第一部分"萧彭浩之形而上学"中,宗白华为了阐明欧洲独断学派对物质世界认识的局限性,援引了两个譬喻典故进行阐述。一个是佛教著名四大譬喻之一的"病目空华"喻,此喻前文中已有讨论,此不赘述。第二个是德国一位近代著名哲学家关于阳光折射的譬喻:

> 物之真体,岂即同我见? 盖如太阳之光,穿三角玻璃,将折成诸色。吾人以目见物则外物之真体,必将就吾目之范围形式,变其真态,以入吾脑。吾人目晶眼帘有一异者,斯人所见,必自不同;况外界现象,射入网膜,本为倒影,而我所见自正。即此影相,射在网膜,又何能输入脑内,网膜神经,岂能挟此图以入内耶? 而脑内无光,则此相必然消失,此诚不可思议也。①

再如在《康德唯心哲学大意》一文中,宗白华熟练地使用现代科学概念术语对唯物主义的本质特点做如下解释:

> 科学根于实验。穷万象变化之因,知一切现象,皆物质之运动。吾人直觉所感诸相,不分色声香味触。而科学家依据实据推察,谓色者伊

---

① 宗白华. 宗白华全集(一)[M]. 合肥:安徽教育出版社,2008:5.

太之运动,声音者空气之往来,香味者质点之分析,感触者原子之变动。总而言之,世界诸相迁流,即是物质原子之变化运动。物质是真,诸相是妄,是以今日之科学之唯物,乃是以色相后不可直觉之物质运动,为世界真相。不同世俗常人执色相为实相也。①

从这些事例中不难看出,宗白华对近代科学某些领域知识的熟悉程度,以及对现代科学原理方法的掌握程度。现代科学的这些已经成为知识体系的有机组成部分,成为宗白华认识世界、把握世界的一种内在的哲学思维和方法,其科学精神呼之欲出。

第二,宗白华用科学原理来阐释他的人生观思想。

宗白华旗帜鲜明的人生观思想就包含了"科学的人生观"和"艺术的人生观"两个方面,构成了人生观思想的两个基本结构层次。宗白华"科学的人生观"思想,是建立在以科学为基础的哲学思想之上的。他认为:

今日哲学之所事有二:

(一)依诸真实之科学(即有实验证据之学),建立一真实之宇宙观,以统一一切学术。

(二)依此真实之宇宙观,建立一真实之人生观,以决定人生行为之标准。②

在宗白华看来,人生观问题首先需要解决的是"人生究竟是什么的问题",其次需要解决的才是"人生究竟应怎样"的问题。"是什么"是求真,"应怎样"是求善。求真的问题只有科学才能解决,求善的问题则可通过艺术来解决。所以,宗白华的"新人生观问题的我见"才包含了"科学的人生观"和"艺术的人生观"这样两个方面。

---

① 宗白华. 宗白华全集(一)[M]. 合肥:安徽教育出版社,2008:10.
② 宗白华. 宗白华全集(一)[M]. 合肥:安徽教育出版社,2008:17.

宗白华认为,从科学的角度来考察,人生首先要解决人生生活的内容与作用是什么的问题,其次要解决的是对人生所采取的态度和所运用的方法的问题。

由于人首先是地球上的一个物种,所以,需要从生物学、生理学的角度对人生诸问题进行研究,同时人又是不同于其他生物的高级生物,有种种心理意识和精神特征,所以,需要从心理学上加以研究:

> "生活"这个现象,已经成了科学的对象。科学中的生物学(Biologie)就是研究"生活原则"的学问。分而言之,生物学(Physiologie)是研究"物质生活"的内容和作用,心理学是研究"精神生活"的内容与作用。生活现象的全体已经成了科学研究的对象了……我们从科学的内容中知道了生活现象的原则,再从这原则中决定生活的标准……我们又知"精神生活"是生活中较为高级的进化的现象,我们就应当竭力地发扬他增进他,以求我们生活的高尚。我们又知道生活的作用是创造的变动的,不是固定的消极的,我们就当本着这个原则去活动创造。①

不仅科学的内容与我们的人生观有莫大的关系,即使是科学的方法,同样也可以作为我们"人生的方法"(生活的方法):

> 科学的方法是"试验的""主动的""创造的""有组织的""理想与现实连接的"。这种科学家探求真理的方法与态度,若运用到人生生活上,就成了一种有条理的、有意义的、活动的人生。②

这样,宗白华就从内容和方法两个层面上,将"人生"这样一个具有重

---

① 宗白华.宗白华全集(一)[M].合肥:安徽教育出版社,2008:205,206.
② 宗白华.宗白华全集(一)[M].合肥:安徽教育出版社,2008:206.

大社会属性的问题,与自然科学、社会科学知识科学地联系起来,解决了"人生究竟是什么"这一人生观的根本问题,其科学精神熠熠生辉。

第三,将科学理性注入《少年中国》月刊的办刊思想之中。"五四"时期的宗白华与同时代大多数热血青年一样,具有强烈的忧患意识,怀揣经邦济世的救世思想,并满怀激情地投入救亡图存的伟大运动之中。但与其他热血青年不同的是,宗白华更有些"少年老成",他的热血之中贯注着科学的理性精神,这鲜明地体现在他的《少年中国》月刊的办刊思想之中。

"五四"时期,一些激进的知识分子以社团的形式组织起来,出版刊物、研究讨论社会问题,形成了一个追求真理、解放思想的热潮。在这些青年团体和进步刊物中,少年中国学会是人数最多、影响最广的团体之一,该学会主办的《少年中国》月刊也与《新青年》《新潮》等著名学刊成鼎足并立之势。宗白华作为少年中国学会的评议员和月刊的主要撰稿人,积极投身到这场文化热潮之中。有感于当时一些新杂志"空论太多,切实根据学理阐发的文章太少"的现象,宗白华撰文明确提出《少年中国》月刊倡导的三部分内容(也就是三项基本任务)——鼓吹青年、研究学理、评论社会。宗白华认为,"世界的新思潮在学术上是真正的自然科学的精神,在社会上是真自由、真平等的互助主义同新式的社会组织,在文学上是写实主义同人道主义",但社会上一些青年缺少"科学的精神"和"科学的方法",对某些"主义"缺少"真正的研究",不去"考察他科学的根据"就大力鼓吹,这不过是头脑发热的盲从而已。因此,他强调月刊发表的鼓吹青年的文字,一定"要具有极明了的学理眼光",要有学理的价值。他进而强调,研究学理是新时代少年的"天职",主张要"具科学研究的眼光",对于"一切新主张""新名词"都要"在科学上、社会学上、人类文化史上"做学理上的"彻底研究",将"打破中国人的文学脑筋,改造个科学脑筋"作为"创办月刊的目的"。而对比研究学理还要困难得多的评论社会,他甚至强调要"从实验科学入手",要"有自然科学的根基","有实际现象的考察","推度将来的结果"。① 只有这样,才算实现了《少年中国》月刊的办刊宗旨。

通过上面的分析不难看出,无论是在哲学的层面,还是在人生的层面,抑或在文化思想的层面,时时处处彰显的都是宗白华的现代意识和理性精神,是宗白华崇尚科学的虔诚态度。

二、对近代技术审慎的分析评价

然而,对待由近代科学所推进发展起来的,对近代社会产生巨大影响的近代技术,宗白华却采取了一种审慎的态度,进行了一体两面的分析与价值评判。

第一,对于近代技术的基本内涵,宗白华在不同的语境下,有过大同小异的解释。

例如:

> 那化知识以成事业,运用自然的因果机构来实现我们生活目的的一种手续,叫作什么? 这就是通常所谓的"技术"(Technics)。
>
> 近代的所谓技术(Technics)一词,则往往指那些根基于近代的自然科学"发明机械和机械的运用"。②
>
> 近代技术,是人类根据科学的知识,应用到实际生活的目的和需求的种种发明和机械。
>
> 技术是介于科学知识与经济生活之间的东西,是根据科学的知识来满足人类经济及社会需要的。③

---

① 宗白华.宗白华全集(一)[M].合肥:安徽教育出版社,2008:51—53.
② 宗白华.宗白华全集(二)[M].合肥:安徽教育出版社,2008:161,163.
③ 宗白华.宗白华全集(二)[M].合肥:安徽教育出版社,2008:181,183.

综观宗白华对现代技术的解释,他很好地把握了技术的两个本质问题,其一是技术在本质上是科学知识在实际生活中的应用;其二是技术的目的是为人类生活需要服务,用宗白华自己的话说,就是技术"完全服役于人生目的"。这是宗白华对近代技术本质的基本认识,也是他对近代技术做出价值评价的基础。

第二,对近代技术的双重社会价值进行了深刻反思。

> 近代技术在一百多年间真正改变了世界的面貌。水上的交通线,空中的交通线,使空间接近,时间缩短。无数的都会出现了,工厂里聚集着千万的在单调节奏中的体力劳动者。劳动问题出现了。封建社会已经变到资本主义的社会。社会问题,经济问题,政治问题苦恼了现代的学者和政治家。而殖民地的争夺战,帝国主义的侵略战,毁灭了无数的生灵,摧残了人类千辛万苦努力堆积的精神文化。①

宗白华这段简短分析,道出了近代技术的又一个本质:技术是一把双刃剑,它一方面带给人类巨大的利益,成为人类社会发展进步的推动力量;另一方面又给人类带来巨大的伤害,甚至可能成为毁灭人类的武器。那么我们该如何来评价近代技术的价值与意义呢? 宗白华对此做出深刻反思:

> 技术本是一种能力,是一种价值,它是人类聪明的伟大发明,科学树上生出的佳果。运用得当,是一切文化事业成功的因素,人类幸福可能的基础;运用得不当,在野蛮人的手中自然可以摧毁一切人类文化。所以为福为祸,应用当不当,这个责任却不该由技术来负,而是应该由哲学来负的。②

---

①　宗白华.宗白华全集(二)[M].合肥:安徽教育出版社,2008:164.
②　宗白华.宗白华全集(二)[M].合肥:安徽教育出版社,2008:165.

这一方面表明了宗白华对技术本身的哲学思考:技术本身并没有对错是非,一切是非功过皆来自于人类自身,技术是福是祸,要看人类如何运用它,以及用它来服务于怎样的人生目的。另一方面,也为宗白华对近代技术的思考与评价,提供了一个基本的价值尺度。这一观点,即使放在我们今天这个时代,都是相当有价值的,因为这正是人类目前所共同面临的越来越严峻的实际问题,也是人类对科学技术仍在进行的时代的、文化的、哲学的反思。可见,宗白华科技美学思想是十分超前的。

第三,努力发掘近代技术的积极意义,确定其在人生中的地位,以实现其正确服务于人生的根本目的。

宗白华看到,正是由于近代技术既有正面的积极的意义与价值,又有负面的消极的意义与价值,所以带来了人们对近代技术截然不同的两种态度。"悲观论者预言这个近代文明必然地趋于沉沦毁灭,第二次世界大战爆发,伦敦、巴黎、罗马可能地于数日之间炸成飞灰,而一切学术艺术,文物菁华与学术人才同归于尽。剩下的是一片原始荒丘,文明以后的野蛮";"乐观论者以为这种恶果是由于人类自己精神上道德上的缺点,经济制度和政治形式的不健全,未能赶得上对近代技术有合理的控制和运用"。宗白华认识到这两种观点均停留在现实与情感的层面,难免存有偏激与局限性,实在是于事无补,与世无功的,要想真正解决问题,还必须发挥哲学的积极引导作用。所以他强调,"近代技术在近代人生和文化上既然有这么大的重要和影响,哲学必须努力了解它的价值和意义,以确定它在人生中的地位"。

于是,宗白华对近代技术的积极的精神价值做出分析与评价。他强调,近代技术如果能"服役于人类真正的文化事业,服役于'创造的冲动',而不服役于'占有的冲动'",那么,它就是"人类的幸福,而不为人类的灾祸"。所以,宗白华热诚致力于对近代技术的积极价值的发掘。在宗白华看来,近代技术的积极价值当然是多方面的,但其中的精神价值尤为重要。所以,他就近代技术对与之关系最密切的三种人产生重大的精神影响进行了深入地分析,指出:发明家凭借近代技术得以实现他灵敏的、丰富的、大胆的、天才的构想力;工程师凭借近代技术获得缜密、精细的思维,踏实、负责的态度,以及生活纪律化、事业科学化的精神;机器工人凭借近代技术的训练获得"遵守岗位,服务全体"的公民道德。在这样一种巨大而深远的社会影响中,宗白华揭示了近代技术两方面的重大价值,一方面近代技术"必然地加紧了人类互助合作的关系",使社会的"组织力"得到增进或加强,这无疑体现了"它的社会价值"。另一方面,"近代技术也陶冶了一种近代的人生精神和态度",这正是它本身所具有的巨大的"精神价值"。从这里,宗白华发现了近代技术的"高贵的意义"。①

第三节　宗白华科技美学思想的佛学观照

经过上文的梳理,我们对宗白华科技美学思想的主体精神有了基本的把握,在此,我们需要进一步探讨的是,宗白华为什么对科学崇尚不移,对技术却如此审慎。这当然是有多方面原因的,作为一个学贯中西的学者,宗白华世界性的学术视野,敏锐而深邃的洞察力,缜密而精深的哲学思维,都是他对科学技术做出独特思考的重要原因。然而,如果将宗白华的科技美学思想放在他整体的美学思想的背景上,再进一步放到"五四"以来中国科学技术与佛学相融相济的学术思潮的大背景上来分析,不难发现,佛学思想对宗白华的影响仍然是其中一个重要的原因,只是这种影响相对于佛学对宗白华美学思想其他方面的影响更加隐蔽而已。而要想真正把握宗白华科技美学思想的本质,我们同样有必要在这方面下大气力进行深入探究。

一、佛教般若智慧与宗白华对近代技术的哲学思考

从前面几章的阐述中我们已经清晰地看到,佛学精神、意识早已内化为

---

①　宗白华.宗白华全集(二)[M].合肥:安徽教育出版社,2008:167.

宗白华的精神人格的有机组成部分,渗透到他的美学观念和思想体系的各个层面,成为他美学思想重要的深层精神渊源。同时,作为"五四"时期成长起来的新一代青年知识分子,宗白华不可能不受到当时佛学与科学交融的思想的深刻影响,这必然表现于他的科技美学思想中,使他的科技美学思想同样闪现着近代佛学与现代科学技术的融摄精神。这种融摄精神深层次地体现在宗白华科技美学思想的哲学智慧层面,具体地说,宗白华以佛学的般若智慧观照现代科学技术,从而确立了他的科技美学思想。

般若智慧是一个重要的佛学术语。佛教认为,世间凡夫虽也具有各种聪明机巧、通达伶俐、工于策划、善于言辞,等等,都只是俗智俗慧,佛教称之为"世智辩聪",丁福保《佛学大辞典》中解释说:"八难之一。世间之人,邪智聪利者,唯耽习外道经书,不能信出世之正法。是为佛道之障难。人天眼目曰:'世智辩聪不要拈出'。"说到底都是"迷惑""邪见"的另一种表现,因为它们都只是在世界的种种假象上做功夫,其结果会越陷越深,越陷越烦恼,越痛苦,始终在充满烦恼痛苦的世间流转沉沦。佛教所谓的般若智慧,简称般若,是梵语的音译,指的是通过修习八正道、诸波罗蜜等而显现的特殊智慧,是洞视彻听、明了一切的根本智慧、特殊智慧。"这种智慧不是指普通经验的知识,也不是世俗人所能具有的一般智慧,它是包含各种神通的超越能力在内的、超越知识、超越经验的灵智,是洞照性空,超情启智,达到成佛境界的宗教智慧,是一种宗教的神秘直观,一种成佛的特殊认识、手段……用我们的话说,般若实质上就是体悟万物性空的直观、直觉。"①简单地说,佛教所谓的般若智慧是一种直觉、直观的智慧,佛教认为,它能引导人们超脱对立的世界,从种种痛苦、烦恼、邪见、无明中解脱出来,直至超凡入圣,觉悟成佛。因此,佛教将其视作"诸佛之母",成佛的根本。如果我们抛开佛教的宗教思维,客观地来研究分析的话,我们觉得,佛教所说的这种般若

---

① 方立天.佛教哲学[M].长春:长春出版社,2006:178.

智慧实质上是指导人观察事物的一种根本观点,是引导人接近、认识、把握事物实相、本质规律的一种特殊的思维和认识方法。掌握了这种思维和认识方法,对科学技术在内的世间万象的认识和把握就会具有明显的超越性,就会带给人深入地思考和深刻地启迪。

科学作用于人的理性思维,教人分辨是非、弄清真伪、认识真理、修正错误,目的在于把握客观世界的本质和规律。在这一点上,科学与佛学几乎是不谋而合的。因为佛教的根本目的是要指导人摆脱或超越现实生活的轨范而获得解脱,为了达到这一目的,佛教始终在追寻宇宙人生的真实本质。佛教教义的核心部分——佛教哲学思想,其实就是佛教对宇宙人生的真实本质的认识和解说,也包括对人的修习实践的指导。正因如此,看上去原是根本对立的佛学与科学两种思想体系,才能在学理的层面上由相遇到相知。宗白华之所以对科学崇尚不移,将科学灌注于他的生命探索的各个领域,均源自于此。对科学的崇尚,对宇宙的真实、人生的真相的探寻,在宗白华这里得到了完美地统一。

而在技术方面,问题就不那么简单了。技术有明显的功利性特征,它作用于现实生活,指导人提高劳动效率,从而丰富、提高物质生产,目的是对人的物质需求给予最大限度满足。因此,它以服务于人的需求为最终目的。人的需求,在佛教看来,本质上是人的欲望。佛教认为,欲望是人生最大的苦因,是人难以觉悟,难以获得解脱的最大障碍,是社会存在种种罪恶的根源。以这种观点来观照近代技术,不难发现,近代技术原来是一把双刃剑,因为它在满足人的需求的基础上,刺激了人的欲望,使人产生更多、更强烈的欲求,于是,人类犹如遭遇了潘多拉魔咒一般,越是通过技术得到了欲望的满足,越是在已经满足的基础上产生更加无法满足的欲望。这也使技术陷入一个无法解脱的怪圈——它一方面是在为人谋利造福,使人类越来越强大,社会生产越来越繁盛,推动了社会的进步。另一方面也给人带来巨大的伤害。宗白华就是以这样一种基本思路来对近代技术做出评价的。在中国由于科学技术落后而导致被动挨打,面临着巨大的技术民族危机的时候,却能理性地对近代技术表现出一种穷究其理、洞视其真的哲学思辨精神,这不能不说是宗白华深受佛学般若智慧影响的结果。

二、宗白华对军事、医学等具体技术的佛学观照

宗白华对近代技术的佛学观照,不仅体现在对抽象的"近代技术"做形而上的哲学思考的层面,还体现在对某些具体技术的特殊关照上。

在宗白华那个时代,近代技术带给人最大的伤害莫过于战争。宗白华对近代技术的思考也正是在 20 世纪 30 年代,中国处于抗日战争的艰苦阶段,他本人不仅饱受战争中的颠沛流离之苦,也看到了广大中国民众在战争中妻离子散、家破人亡的深重灾难。所以,对他来说战争之痛刻骨铭心,因此,他对现代战争的技术原因的反思是十分深刻的:

> 自 1765 年瓦特发明蒸汽机以来,人类技术上明显地表示一种划时代的进步。这种大的进步,影响于人类社会上、政治上、经济上,都有很大的变化,于是发生工业革命,造成现代资本主义的社会。因之掀起世界上、国际、民族间的纷争。①

然而,宗白华没有将战争的根源归结于社会的、政治的原因,而是归结于佛教所提出的世界罪恶的三大根源之一的"人欲":

> 文艺复兴以后的现代文明是"理智精神"的结晶,然而这理智的背后却站着一个——魔鬼式的人欲! 各国内的阶级榨压,国际的残酷战争,替人类史写下最血腥的一页……全世界正在运用最科学的方法从

---

① 宗白华. 宗白华全集(二)[M]. 合肥:安徽教育出版社,2008:182.

事人类的大屠杀。①

这是宗白华所看到的近代技术的负面效应的最深层次的真实本质,也就是佛教所谓的真相。在这一点上,我们看到了宗白华与佛学思想的一脉相承。

在宗白华那个时代,近代医学技术也是中国接受西方文化的一个重要部分。部分进步知识分子(如鲁迅、郭沫若)看到中国积贫积弱的国民,便将近代医学看成拯救国民的一剂良方,宗白华也曾如此。他少年时代就在上海进入德国人开办的同济医工学堂读医学,尽管后来他放弃医学而转攻哲学,可他还是不时地表现出对近代医学技术的兴趣与关注。有意思的是,宗白华对近代医学技术的关注,也是以佛学观照为特点的。

> 科学破去了人类的迷信和神话,却揭开了宇宙和人类的更深的更惊奇的神秘。不必远举几万万光年以外的银河世界,就是我们身躯以内的神秘,如生,老,病,死,就足以令人探索不尽,而引起印度释迦牟尼的出家。近代科学医学的进步,使我们对这"生"的现实已经有了若干科学的认识,而"老"和"死",人们所最不愿闻而想把它克服了的——也竟被伏罗诺夫教授由内分泌腺移接术的试验可以克服"老",而且在相当长的世间内拒绝"死"。②

内分泌腺移接术,这是一项纯粹的西方医疗技术,有一定医学知识背景的宗白华对它表现出兴趣并给予关注,这很自然,但值得玩味的是他关注它的角度。当年鲁迅也关注西医,但他是把西方医学和中国医学放到一起来比较评价的,所以他的结论是"便渐渐地悟得中医不过是一种有意的或无意

---

① 宗白华. 宗白华全集(二)[M]. 合肥:安徽教育出版社,2008:251.
② 宗白华. 宗白华全集(二)[M]. 合肥:安徽教育出版社,2008:254.

的骗子"。(鲁迅《〈呐喊〉自序》——笔者注)宗白华却把西方医学与释迦牟尼的出家联系起来,把它放在了佛教关于人类生老病死的人生观照之下,使之成为对人类生命终极关怀的一种方式。在这一点上,我们几乎可以这样认定,宗白华赋予了近代医学技术的积极价值以一定的宗教意义。

不仅如此,宗白华对于与医学相关的一些其他问题——如病因问题——也是直接从佛学的角度进行观照解说:

维摩诘居士说:"从痴到爱,则我病生。以一切众生病,是故我病。若一切众生得不病者,则我病减。"这是何等深情动人而有透彻的觉悟的话!

众生的病是"从痴到爱",他们所爱的是世界里的一个狭小的范围,他们的苦痛是经纬着小己难以解脱的欲恋。维摩诘的病却是由于他的大悲心,这病使他解脱了小己的经纬而推心置腹于全整的世界,他的苦痛是光明的超脱的,像耶稣钉在十字架上那时的痛苦。

这痛苦的同情心使我们才有洞彻世界的深见,诞生真正的智慧,散布着光亮给予这幽暗的世界。它的力量是感动的,启发的,令人在泪流满面中觉悟到人生的真谛。①

这是宗白华于 1942 年 6 月 5 日为方令孺发表于《时事新报·学灯》第181 期上的散文《病人》所写的编辑后语中的部分文字。可见宗白华对于人类病因的问题,根本无意做病理的探究,而是直接进入人生本质的哲学思考,因此他引用了佛教经典《维摩诘经》的一段著名的语句,做了与佛学观点完全相同的阐述。

---

① 宗白华.宗白华全集(二)[M].合肥:安徽教育出版社,2008:304.

第六章　佛学与宗白华美学思想的渊源关系探因

在前面的章节中,我们已经清晰地看到了宗白华美学思想与佛学的甚深渊源关系,甚至可以说,佛学在很大程度上影响了宗白华美学特质的最终形成。我们不禁要问,在科学主义昌明的 20 世纪里,在西方文化猛烈冲击中国文化传统的时代潮流中,在中国文化由古典向现代迅速转型的历史条件下,作为文化启蒙的先驱者和精英知识分子的宗白华,其美学思想中为什么会有如此浓重的佛学色彩呢? 深入挖掘其原因,我们至少可以从环境与家庭文化的浸染、时代社会文化思潮的影响、自身生命境界的追求这三个方面得到解答。

第一节　地域与家族文化的浸染

一、禅宗祖庭安庆佛教文化氛围的熏陶

宗白华的出生地安徽安庆,在中国文化历史上,在中国近代文化转型的过程中,都具有十分重要的历史地位和突出的作用。赵晓和在"皖江文化与中国现代化丛书"的总序中,有这样一段精彩的概括:

安庆是国家历史文化名城,历史悠久,人文资源荟萃……从清乾隆二十五年(1760)到民国二十六年(1937),安庆一直是安徽省省会和全省政治、经济、文化中心,是中国最早接受近代文明的城市之一。清咸丰十一年(1861)曾国藩创办的安庆内军械所,制造了中国第一台蒸汽机和第一艘机动船;清光绪年间陈独秀在安庆举办藏书楼演说、创办《安徽俗话报》,第一次举起"新文化"的旗帜;光绪三十三年(1907)、三十四年(1908)先后发生在安庆的徐锡麟巡警学堂起义和熊成基炮马营起义,接连打响了辛亥革命第一枪和新军起义第一枪;安徽省的第一座发电站、第一座自来水厂、第一家电报局、第一部电话、第一条官办公路、第一个飞机场、第一个现代图书馆、第一所大学、第一张报纸……都诞生在这里。安庆素有"文化之邦"、"戏剧之乡"、"禅宗圣地"的美誉,是《孔雀东南飞》、"大乔小乔"、"不越雷池一步"、"六尺巷"等著名故事的发生地,是统治中国文坛近300年的"桐城派"的故里,是以京剧鼻祖程长庚为代表的徽班成长的摇篮,是黄梅戏形成和发展的地方,是20世纪中国现代美学奠基人和开拓者朱光潜、宗白华、邓以蛰的故乡,也是中国新文化运动先驱陈独秀、佛教领袖赵朴初、道教领袖陈撄宁、"两弹元勋"邓稼先、中国"计算机之父"慈云桂、"将军外交家"黄镇、黄梅戏表演艺术家严凤英、通俗小说大师张恨水等影响中国、闻名世界的杰出人物的故乡……古皖文化、禅宗文化、戏剧文化、科技文化、近代工业文化、新文化、现代美学和这里的明山秀水交相辉映,形成了独具特色的安庆地域文化。[①]

这一大段的概括,字里行间充满着对家乡安庆的自豪感。安庆的确是人杰地灵,在许多方面几乎都为中国历史和文化的发展做出了不可磨灭的

---

① 朱洪. 灵山秀水:安庆佛教文化. 合肥:合肥大学出版社,2011.

贡献。如果单从佛教文化的角度来考察,安庆佛教同样是源远流长、历史地位显赫。

早在公元319年,晋代名僧佛图澄将佛教引入安庆。佛图澄(公元232—348年)本是西域龟兹人,出身王族,自幼在北印度出家,故历史上被人称为天竺僧人。在安庆太湖县城北有一座大尖山,当年佛图澄来到这里,在该山的西南侧建了一座寺,史称佛图寺,此山因此也被称作佛图山。从此佛教传入安庆,虽几经沧桑,寺庙现已毁坏,但庙基尚在。如此算来,安庆佛教的历史至今已近1700年。在安庆枞阳县浮山莲花峰下,还有一座释迦牟尼舍利塔,存放着释迦牟尼真身舍利,乃明代万历年间进士吴观我从庐山迎请而至,堪称浮山一宝,也是安庆一宝。

安庆在佛教方面最值得一提的是它和中国佛教禅宗的关系。这里是中国禅宗的重要发祥地之一,堪称禅宗的"祖庭圣地"。

南朝初期,菩提达摩祖师不远万里从印度来东土传播禅法,见梁武帝萧衍不遇,在河南洛阳嵩山少林寺面壁九年,终于等来了求道赤诚的禅宗二祖慧可。慧可以立雪断臂的壮举,使达摩祖师断定其为法器,遂传授其衣钵和四卷《楞伽经》,并作偈曰:"吾本来兹土,传法救迷情。一花开五叶,结果自然成。"宣告了禅法在中国的扎根。慧可得法后,辗转南下至安庆太湖县司空山(又称司空原),依石洞建刹,即"二祖禅刹",在此开宗立派,建立了最初的禅宗道场。唐天宝年间,玄宗敕建无相寺,亦称二祖寺,成为禅宗的又一著名道场。慧可在中国禅宗历史上的地位是无与伦比的,因为是他从达摩祖师处接受了印度的禅法,然后与中国传统文化思想相结合,最终创立了中国禅宗思想,所以,慧可才是中国禅宗第一人。因此,司空山便是中国禅宗的第一道场。

后僧璨在二祖慧可处受衣钵成为禅宗三祖,也是在安庆境内的天柱山设立的道场,传法修习,完善了禅宗的理论体系。后三祖合掌立化于山谷大树下,至今尚有存放三祖舍利的觉寂塔(亦称三祖塔),屹立在安庆潜山县北凤凰山巅三祖寺内。在禅宗发展历史上，三祖僧璨是一个重要的坐标。禅宗初祖达摩在南朝时将禅法带到了中国，当时人们是遇而未信。至二祖慧可时，人们则是信而未修。在三祖僧璨时，由于他对禅宗理论的发展和大力弘传，禅宗得到了普及，此时则是有信有修了。从此，禅宗佛法以安庆为中心，向全国各地传播。并经四祖道信传到湖北黄梅，继而传至五祖弘忍、六祖慧能，将禅宗思想继续传承与光大。

隋唐时期这里形成了佛教发展的第一个高峰期，成为以禅宗文化为特质的佛教文化传播中心。宋以后，这里也多有高僧名刹闻名于世，如北宋年间浮山华严寺法院禅师，就是禅宗后期一个重要分派曹洞宗的开山禅师。经过众多禅宗祖师大德们的弘传发展，禅宗最终成为中国佛教的主流思想，并对中国文化产生了深远地影响。

二祖、三祖在安庆地区积极弘传，为禅宗培养了众多的弟子，他们大都修习于安庆周边的太湖四面山、白云山，潜山太平山，桐城投子山，枞阳浮山等地，形成了这里寺庙林立、名僧云集的盛况。这里著名的佛寺除了上面提到的，至今还有小孤山启秀寺、西风禅寺、海会寺、三城寺、广佛庵、永镇庵、净土莲社、仁寿庵、慈云庵、西峰庵、莲花庵、芦峰寺、香山寺、杨泗庵、麒麟庵等。这里出现的名僧大德，历史上还有南朝时在天柱山创建山谷寺的宝志和尚，修建浮山寺的智凯禅师，建立小孤山启秀寺的僧人马祖道一，募建迎江寺的明代士绅阮自华，近现代还有月霞、本僧、月海、皖峰、宏行等高僧，当代还有原中国佛教协会会长赵朴初这样的大德居士，还有至今活跃在佛教弘传的舞台上，在全世界都产生重大影响的净空法师①。

综观以上情况，无论是从地理位置的角度看，还是从文化历史的角度看，安庆在中国佛教禅宗文化发展史上，都居于显赫的地位，它作为中国禅宗文化思想的发源地，沐浴在禅风佛韵的怀抱中，孕育了安庆禅意浓郁的人

① 净空法师，俗名徐业鸿，出生于毗邻安庆的庐江县，曾追随出生安庆的一代大哲方东美学习经史哲学及佛法。

文精神。

正是这样一种地域文化特质,使得古往今来游历过或出生于安庆的某些文人学士,都不同程度地与佛学结下某种因缘。据有关史料记载,李白、孟郊、白居易、范仲淹、欧阳修、王安石、黄庭坚、左光斗、张英等等,都曾游历过浮山、潜山、天柱山等安庆佛教的名山名刹,并留有大量的诗作或佳话,据说仅在浮山石壁上就有480多幅摩崖石刻的古代文人诗作。唐至德二年(公元757年),李白随永王李璘举兵东征而获罪后,一为避难,再则久慕司空胜境,遂隐居山中。后人纪念李白,建"太白书堂",今司空山左山坳的幽壑溪畔即书堂旧址。附近岩壁上刻有李白所作的《避地司空原言怀》诗篇,还有明进士罗汝芳镌刻的"太白仙踪"四个斗字以及他的"莫题诗"警世句。孟郊,一生猎奇览胜,阅尽人间春色,但还是被浮山不同凡俗的景色深深吸引,而那清越悠扬的晨钟暮鼓,袅袅梵音,更使他怦然心动。他不顾晚秋风寒,归期将至,足迹遍布浮山的每一个角落,流连忘返,如痴如醉,至今浮山摩崖石刻上仍留有孟郊吟浮山诗四首。北宋欧阳修,早年写过《本论》,对佛教很是排斥,晚年他曾游浮山,不仅改变了对佛教的态度,还留有"因棋说法"的一段故事。

这里我们要着重提及的是清代桐城派主要文人与安庆佛学的关系。这一方面是因为桐城派作为安庆桐城本土成长起来的文学流派,是我国清代文坛上最大的散文流派,在中国古代文学史上占有显赫地位,主盟清代文坛200多年,以其文统的源远流长、文论的博大精深、著述的丰厚清正而著称于世,探讨桐城派文人与佛学的精神联系,对于认识安庆地域文化与佛学的内在关联具有相当的代表性和说服力;另一方面,桐城派主要创始人方苞,是宗白华外祖父家族一系的先祖,自桐城派创始以来,方氏家族不断有文人学士涌现,直到宗白华的外祖父方守彝,仍然是晚清安庆地区有一定影响的桐城派诗人,他们所传承的桐城派的学术理想和文学观念,无疑会对宗白华产生一定的影响,这对我们研究宗白华美学与佛学的关系,具有重要的借鉴意义。

桐城派,亦称"桐城古文派",世通称"桐城派"。早期有四位著名的代表人物,即戴名世、方苞、刘大櫆、姚鼐,被尊为桐城派"四祖"。师事他们的作家,遍及全国,传世作品众多,其影响延及近代。在"桐城四祖"中,戴名世被看作桐城派的奠基人,方苞则被看作桐城派真正的创始人,刘大櫆、姚鼐被看作最重要的成员,因此方苞、刘大櫆、姚鼐又被后人尊为"桐城三祖"。这四人虽不是佛教徒,但都与佛教有着不同程度的关系。

戴名世(公元 1653—1713 年)字田有,一字褐夫,号南山,别号忧庵。戴名世不相信佛教,甚至认为佛教把儒家的性命之说变成了"明心见性"之说,并宣传福田利益、生死轮回以蛊惑人心,迷惑了众多世俗人等。但他却喜欢和僧人交朋友,青年时期,戴名世曾在桐城西山读书,与一山寺僧人交厚,二人一见倾心,经常在一起谈古论今,感慨世事。中年时,为选择一块好墓地给父亲下葬,曾拜访南京钟山和尚,两人一见如故:"余友有浮屠氏,曰钟山,与余相知最深,余不为浮屠氏学,而尝好与浮屠氏游。"[①]可见,戴名世虽然不信佛说,坚守着儒家的道统,但从他与钟山和尚交厚这一举动看,其实他骨子里与佛学思想是很有交缘的。

方苞(公元 1668—1749 年),字凤九,一字灵皋,晚年号望溪,亦号南山牧叟。方苞治学宗旨以儒家经典为基础,尊奉程朱理学,日常生活都遵循古礼。由于他为人刚直,好当面斥责人之过错,因此,受到一些人的排挤。方苞早年向往浮山,曾与朋友相约,将来一定要在浮山筑室而居,课耕而食。41 岁时独游浮山,与浮山住持、山足徒弟六一上人交往甚笃。他曾主文记载这次游历:"每天气澄清,步山下岩,倒影入方池,及月初出,坐华严寺门庑。望最高峰之出木者,心融神释,莫可名状。"[②]尊奉程朱理学,这注定了方苞本人精神世界中的佛学基因,正因如此,他才能那样向往浮山,才能在

① [法]戴廷杰.戴名世年谱[M].北京:中华书局,2004:111.
② 方苞.方望溪全集[M].北京:中国书店,1991:207.

游浮山时与山僧交往甚笃，才能独坐山门，畅神快意于远峰浮云，进入"心融神释，莫可名状"的心境，这其实是一种禅的体验。

刘大櫆（公元1698—1779年），字才甫，一字耕南，号海峰，是方苞的得意门生，又是姚鼐的老师，在"桐城派"的形成中起着承先启后的传递作用。刘大櫆早年曾写《潘在涧诗文序》，在谈到古代僧人与文人的交往时，表达了找不到从前那样的僧人的遗憾和慨叹。他一生多次游历浮山，写作多篇文章来记述浮山的美景及佛寺、佛像的庄严，描写自己在这里得到心灵安慰的欣喜，表达自己晚年希望在此养老的愿望。从这里我们可以看出，名山古刹，禅理佛说，其实也是刘大櫆晚年心灵皈依之所。

姚鼐（公元1731—1815年），字姬传，一字梦谷，室号惜抱轩，世称惜抱先生。姚鼐早年即有游浮山的夙愿，但未成行。45岁时，终于与友人同游浮山，实现了自己的夙愿。此一游姚鼐十分兴奋，当日晚一气呵成而作640字长诗一首，归示朋友，深得赞扬。姚鼐还有在潜山佛寺中抄写佛经的经历。

我们知道，桐城派以"文以载道"为其基本的学术主张，其文章内容多是宣传儒家思想，尤其是宋明理学。"宋明理学，从表面上看，它是属于新儒学，但是，正如历史上许多思想家所一再指出的，宋明理学是'阳儒阴释'、'儒表佛里'，亦即表面上是儒学，骨子里是佛学。特别是在思维模式、修行方法等方面，理学受到佛教的影响就更加明显。可以这么说，如果不懂得佛教的本体论思维模式和'明心见性'的修行方法，对于理学就如同隔岸观火。"①可见，在桐城派文人的精神世界中，无论他们承认不承认，都潜在着浓郁的佛学思想。

安庆佛学不仅滋养了桐城派这样一个中国古代文学史上具有重大影响的文学流派，也哺育了中国现当代美学史上几位杰出的美学家：

---

① 张岱年，方克立.中国文化概论[M].北京：北京大学出版社，2004：239.

　　就地域文化而言，谈论中国现当代美学的形成和发展，任何人都无法回避安庆，无法绕过耸立在美学领域的四座大山。这四座大山分别就是深深浸润安庆地方文化底蕴，为中国现当代美学的创构做出开拓性贡献的朱光潜、宗白华、邓以蛰与方东美四位著名美学家。①

　　他们四位美学家均出生在安庆，其中朱光潜、宗白华、邓以蛰三位美学家20世纪50年代起长期共同执教于北京大学，被誉为"北大三大著名美学教授"，方东美在20世纪40年代末去了台湾。作为现代学者，他们有许多前人无法企及的地方，如他们都有留学海外的经历，深受西方文化思想的影响，各自有自己学术专攻的领域并取得骄人的成就，但有意思的是，他们的学术探索与人格精神，仍然与佛学有着割舍不断的内在联系。

　　与宗白华一起被誉为中国现代"美学的双峰"的朱光潜（公元1897—1986年），笔名孟实、盟石，安庆桐城人。他"早年教育中自然不免桐城乡野文化中的佛教思想的潜浸"②，而且对佛学有过专门的研究，他自己说过："我在抗战时期曾经研究过佛学，马一浮、周叔迦都是我的朋友。"③正因如此，在他身上表现出这样一种与众不同的风格特色：他是在西方美学研究方面独领风骚，在中西美学比较研究方面，在艺术哲学心理学研究方面，均有卓越贡献的美学家，然而，"他的学术风格可用'佛陀世容'来指称。他立足于超脱世俗、艺术慰情的人文情怀，倡导无所为而为，以不争的超然态度处世，用出世的精神做入世的事业"④。"以出世的精神，做入世的事业"这样一句"很有佛教大乘思想味道"⑤的话，几乎成了朱光潜的个人标签，他不仅曾经用这句话评价过著名的艺术大师、佛教律宗一代宗师弘一法师，也曾用这句话激励过他的学生，毫无疑问，这更是朱光潜本人人格精神的真实

① 何池友，蔡洞峰.20世纪安庆美学家.合肥：合肥大学出版社，2011：1.
② 何池友，蔡洞峰.20世纪安庆美学家.合肥：合肥大学出版社，2011：4.
③ 邹士方.大师的印象（美学家卷）.桂林：漓江出版社，2012：9.
④ 何池友，蔡洞峰.20世纪安庆美学家.合肥：合肥大学出版社，2011：4.
⑤ 邹士方.大师的印象（美学家卷）.桂林：漓江出版社，2012：9.

写照。

方东美(公元 1899—1977 年),名珣,字德怀,后改字东美,安庆桐城人,桐城派方苞的第 16 世孙。他以弘扬中华文化的精神价值为学术主旨,始终能以开放的胸襟对待中国传统文化的各种思想流派,并力图贯穿古今,统摄诸家之学。他曾自我评价,从家庭传统来说他是一个儒家,从气质上说他是一个道家,从宗教启示上说他是一个佛教徒,对华严哲学圆融广大的精神有很深地领悟。他以世界性的宏观学术视野,运用现代世界哲学逻辑方法,对华严哲学进行了深入地研究与诠释,得到了著名的佛学大师印顺法师的认可,称赞他说:"近代学人方东美先生,以哲学家旁及佛法,探究'华严',终于对华严宗学,给予无上崇高的评价。"①

通过以上这些资料可以看到,安庆作为一个有着悠久历史的文化古城,佛教文化氛围浓郁厚重,这无疑为出生在这里的一代又一代的文化名人(当然也包括宗白华)提供了独特的成长环境,使他们在潜移默化中接受了佛教的滋养,并将这种滋养融入他们的学术思想、精神气质、人格境界之中。

二、儒释合璧的家学传统的滋养

宗白华 1897 年 12 月 15 日(清光绪二十三年阴历十一月二十二)出生在安庆的一个家学渊源深厚的书香门第之家。其远祖为宋代抗金名将宗泽,其祖父为宗泽 25 代后裔,是晚清江苏常熟的一个很有学问的秀才,在当地以开设私塾教书为生,为人性情笃厚,故于乡里颇有声望。其父宗嘉禄是一个新派人物,清朝时曾继承家族传统,潜心科举,中光绪丁酉科举人,但因遵祖训,不肯出仕为清廷做官。他思想开放,赞同维新变法,关心国家民族的前途命运,一生致力于史地水利,以治理淮河为毕生的志愿。

宗白华的外祖父方守彝一族,与清朝中叶最大、最有影响的散文流派桐城派创始人方苞有很近的亲缘关系。方守彝的父亲方宗诚曾任枣强县令、

---

① 释印顺.华雨集(第五册).北京:中华书局,2011.

安徽学政,也是桐城派后期比较有影响的文学名家之一。方守彝(公元1845—1924年),字伦叔,号清一老人,晚期桐城派诗人。幼时勤于学业,常孤灯夜读,达旦不寐,官太常博士。晚年淡泊名利,唯好诗赋,寄情山水,在安庆地方上有较好的声望。宗白华儿时就和外祖父生活在一起,朝夕相伴,深受宠爱。"每逢天清气朗,须发皆白的外祖父携白华登临迎江寺古塔,任江风吹来,铁铃叮当! 领略:'三峡倒流春水去,乱帆低挂夕阳来'(刘大槐)的长江风光。"①

在宗白华的生命中,外祖父方守彝、父亲宗嘉禄,都对他的精神世界产生极为深远地影响。

方守彝老先生,其思想行为、文学活动秉承桐城派思想的影响,在安徽桐城,至今还流传着一个"方守彝劝父退礼金"的掌故。方守彝之父方宗诚,曾知枣强县政十余年,在任期间恪守勤勉理政、廉洁奉公的准则,因而备受世人推崇。清光绪六年(公元1880年),他辞官归里。临行之际,枣强的知友和属吏见其十分清苦,便纷纷赠送金银,以资助其生活。方宗诚实在盛情难却,只好将这些金银打成薄片,夹于自己的几十卷文稿之中,意欲用此作为印书之资。回到家中,方守彝在帮父亲整理书籍文稿时,发现这些金银,不禁大惊失色:"父亲为官清正,哪来这些金银,莫非是赃款?"便向父亲探问究竟,方宗诚只好道出缘由。方守彝听后回道:"用礼金印自己文章,文章会因之黯然失色,儿今后还能读父亲的大作吗? 父亲平时就有心兴学,何不将这礼金送回枣强,助资兴学!"方宗诚听后,欣喜说道:"方氏后继有人矣!"可见方守彝不为金钱所动、廉洁自律、乐善好施的淳朴精神。

而作为一个诗人,尤其在晚年的时候,方守彝的兴趣唯在禅诗,对于这一点,宗白华曾经有过这样的回忆:"那年夏天我从青岛回到上海,住在我的外祖父方老诗人家里。每天早晨在小花园里,听老人高声唱诗,声调沉郁苍

---

① 邹士方.宗白华评传.香港:香港新闻出版社,1987:2.

凉,非常动人,我偷偷一看,是一部《剑南诗钞》。"①南宋诗人陆游一生以抗金复国、收复失地为己任,其爱国主义精神名垂青史,赢得了后人的赞美和礼敬。但同时,在陆游的精神世界中,佛教精神是十分浓重的:

> 陆游家族前辈笃信佛教,他从小就受到佛教思想的熏陶,因此他也是虔诚的佛教徒。陆游平生崇佛,对佛理多有研究,在他的诗词文章中,有不少篇章与佛教有关。他还专程赴普陀山和支提山朝圣、礼佛、写诗。即使在随军或在幕府任上的时候,他也总要到附近的寺院礼佛、写诗,甚至借宿于简陋的寺舍。陆游一生喜近禅僧、宿僧寺、吃斋饭、游历名山古刹,行动不拘礼法,被人讥为颓放,因此自号放翁……1210年春,陆游85岁,与世长辞,临终遗诗《示儿》:"死去原知万事空,但悲不见九州同。王师北定中原日,家祭无忘告乃翁。"这首绝命诗充分表达了陆游的爱国主义精神,这种精神与佛教报四恩中的报国土恩正是一致的。②

方守彝晚年以吟咏陆游诗为乐趣,当是引陆游以为知己、同道,与陆游精神息息相通。而这也给宗白华以潜移默化地影响,不仅使宗白华对中国古典诗词产生浓厚情趣,尤其是直接导引了宗白华对禅理入诗的唐代诗人王维、孟浩然之诗的喜爱,也将中国传统文化中的禅意佛心深深植入宗白华的灵魂深处。

父亲宗嘉禄对宗白华的影响同样是不可替代的。作为教育家和水利专家的宗嘉禄,对宗白华的影响深刻,宗白华一生坚定不移地投身于教育事业,从事哲学和美学研究,都与父亲的影响紧密相关。中国现代著名桥梁专家茅以升,与宗白华是两代世交,他曾经这样评价过:"(宗嘉禄)在当时知

---

① 宗白华.宗白华全集(二).合肥:安徽教育出版社,2008:150.
② 冯弘.陆游的佛教精神.中国民族报,2010—08—24.

识界是'维新人物',名气甚大,我想白华同志受了家庭的影响,因而对文史哲,才有如许共享。"①

宗嘉禄一生致力于"设学校以育才,倡实业以裕民,兴水利以富农"②。他一生淡泊名利,沉静多思,勤勉务实,重视科学研究和学术实践,主张教育救国、实业救国。可以说宗嘉禄是中国现代较早的教育家之一,他曾在1905年受聘于南京的第一所新式小学,也是中国最早的新式小学之一的南京思益小学担任地理教师。为了实现自己教育救国的理想,他还曾东渡日本,进行考察和学习。回国后,他在立宪派领袖张謇任督办的江南高中两等商业学堂任校长。他"顺应时势、大胆革新,延聘了一批'新派人物'如茅乃登(茅以升的父亲)等人来校执教,为社会培养了一大批新型的商业金融人才,其中不少人日后还担任了各种要职"③。宗嘉禄还是中国现代较早的水利专家之一,毕生致力于水利事业,他担任安徽省导淮测量局局长期间,直接参与淮河的治理,他"组织测量队,遍测淮域诸河,复证载籍,据淮河之形势及沿革……为皖政府设计开泗北故道,一导濉河入湖,以去害,一分北淝河入涡浍,仿沟田制以兴利。工成后,泗灵间诸湖涸出田 70 余万亩,汴堤以北,今无水患,受益田 8 百万亩,历届大水,均免沉灾,皖淮之害亦少减"④。后来,他还专门从事水利方面的研究。结合自己的水利研究和实践经验,他先后在中央大学、安徽大学等几所大学专门开设淮河治理问题的讲座,并著有《淮河流域地理与导淮问题》一书。抗战爆发后,宗嘉禄随宗白华入川,仍然不忘研究水利,撰写了《整理全国水利大要》一文,根据自己对历史地理的综合研究,表达了自己对黄河、长江、淮河等大江大河的治理见解。

宗嘉禄对宗白华的影响,首先在于他的新学思想和科学实践方面。宗白华终其一生不从事政治活动,主张教育救国、学术救国,寄希望于服务、引

① 邹士方. 宗白华评传. 香港:香港新闻出版社,1997:3—5.
② 宗白华. 宗白华全集(二). 合肥:安徽教育出版社,2008:379.
③ 王德胜. 宗白华评传. 北京:商务印书馆,2001:4.
④ 宗白华. 宗白华全集(二). 合肥:安徽教育出版社,2008:379.

导和培养民众的精神境界和人格修养,以使民众的素质得以提升,来实现济世救国的目的。这一切,都与父亲宗嘉禄的言传身教息息相关。可以说是作为"新派人物"的宗嘉禄,较早地将科学、民主、务实、救国等现代思想和民族精神,深深植入宗白华幼小的心灵之中。

然而,宗嘉禄在佛学方面对宗白华的影响同样是十分深远的,这一点至今似乎被研究者们所忽略。宗白华在《先父受于公逝世讣告》一文中有这样一段记录:

先父素耿介,崇儒辟佛,闲居江津以来,涉猎佛经,颇有心悟,手录《金刚经》、《心经》、《维摩诘经》等经,虽年逾古稀,而字体工整秀劲,青年所不及也。5月3日暮,即静坐瞻佛,呼家人诵佛号勿辍,竟一日二夜未饮食,未倚动。5月5日晨卯时,玉柱垂绸缊出天门,瞑目坐化矣。呜呼!先父毕生以民族国家为怀,未尝稍治家人生产,其福惠黎庶后世者至溥,今果登西土,然不孝等昊恩未报,负罪终身。呜呼痛哉!呜呼痛哉!①

该文写于1945年5月宗嘉禄逝世之际。1946年12月,柳诒澂为宗嘉禄撰写墓志铭,其中也说"晚事佛,慧业足,七十一,化于蜀"②。宗嘉禄早年虽是一个积极用世的新儒家,秉持崇儒辟佛的基本观点,但晚年也和中国历史上许多新儒家学派人物一样,不仅由儒入佛,潜心佛学,且对佛学颇有研习,潜心修证,最终竟得无疾坐化的善果。也许对于当代学者来说,对于"自知时至""无疾坐化"一类的事,有一种本能的讳莫如深的意识,或者认为有悖于科学精神,难以作为学术研究的实证材料,所以,对于宗白华的记述宁可视而不见了。其实,在佛教史上有关某些高僧大德无疾坐化的记载比比

①　宗白华. 宗白华全集(二). 合肥:安徽教育出版社,2008:380.
②　宗白华. 宗白华全集(二). 合肥:安徽教育出版社,2008:379.

皆是,在中国佛教史上具有至高无上地位的禅宗六祖慧能大师的真身舍利,至今安坐在广东南华寺的大殿里,历时已经1 200多年,几经劫难,至今完好无损。现在我国各地的佛教寺院中,仍然有多处供奉着历朝历代直至近年来出现的一些修行功夫极深,圆寂后尸身不毁的所谓"肉身菩萨",这是不争的事实。所以,真正的科学精神是承认并且正视这种现象的现实存在的,然后再经过科学研究,做出科学地解释,以解开其谜团,揭示其成因。再从宗白华的角度来看,他是一位具有极强的科学意识和学术精神的学者,在父亲逝世之日的沉痛讣告中,当然不会说任何有悖于科学的、不负责任的话。因此,我们完全有理由相信宗嘉禄临终所现瑞相的真实性。这样,我们就可以将宗白华所记作为学术研究的可信材料了。

宗嘉禄晚年对《金刚经》《心经》《维摩诘经》研究颇深,并且手录经文,这在佛教信仰者的观念中,是一项大功德,代表的是实施者真诚的信仰和虔诚的态度。而在宗白华的字里行间中,我们也能感受到他对父亲此举的真诚礼敬的态度。基于这一点来反观宗白华的美学研究,我们就非常容易理解宗白华为什么那么熟悉佛教经典,那么信手拈来地引用《金刚经》《心经》和《维摩诘经》的大段经文了。毫无疑问,这是父亲宗嘉禄长期修习这几部经典的影响的结果,我们虽然无法证明宗白华年轻时是否也像其父亲那样诵读这些佛教经典,但他对这些经典十分熟悉,这些经典的基本精神深入其心,这一点是可以在他的美学著述中得到证实的。

宗白华在讣文中描述了父亲临终坐化的具体情境之后,对父亲做出这样的评价:"先父毕生以民族国家为怀,未尝稍治家人生产,其福惠黎庶后世者至溥。"[1]在宗白华的眼中,宗嘉禄心系国家民族、济世救国的精神与其说来自于"新派"思想,不如说是来自于佛教悲天悯人的"救世"情怀。这方面给宗白华的影响仍然是巨大的,在宗白华的精神世界中,挥之不去的就是他

---

① 宗白华. 宗白华全集(二). 合肥:安徽教育出版社,2008:379.

那弥漫着浓郁的佛学色彩的悲天悯人的精神和舍身救世的情怀。如在介绍叔本华的人生观和伦理观时,宗白华这样说道:"此同情之感,为道德之根源。据此感者,视他人之痛苦,如在己身。无限之同情,悲悯一切众生,为道德极则。"①在谈到超世入世人生观时,宗白华这样说:"明理哲人,神识周远,深悉苦乐,皆属空华。栖神物外,寄心世表,生死荣悴,渺不系怀,但悯彼众生,犹陷泥淖,于是毅然奋起,慷慨救世,是超世入世人生观也。"②在阐述自己创建"少年中国"的办法时,宗白华说:"我们不像现在欧洲的社会党,用武力暴动去同旧社会宣战,我们情愿让了他们,逃到深山旷野的地方,另自安炉起灶,造个新社会,然后发大悲心,再去援救旧社会,使他们也享同等的幸福……使旧社会彻底觉悟自己的缺憾,欣赏我们的完备,自己想革新改进……使全国人民皆入于安乐愉快的生活……用我们的馀力,帮助全世界的人都臻于此境,再发展人类文化的进步,以至于无疆之休……虽不能像佛教说的度尽一切众生,也可算作救了一小部分了。"③

总的看,这样的家学传承,为宗白华幼年的成长创造了浓郁的传统文化精神,其中佛学的精神自然深入其心灵,直接影响了他的精神境界和人格修养的形成。

第二节　时代与社会文化思潮的影响

一、近代中国的佛学复兴

佛教在两千多年前自印度传入中国,从汉代与本土黄老之学附会的初传时期,到魏晋南北朝与中国玄学融合的兴起时期,到隋唐形成纯粹的中国

---

①　宗白华.宗白华全集(一).合肥:安徽教育出版社,2008:8.
②　宗白华.宗白华全集(一).合肥:安徽教育出版社,2008:18.
③　宗白华.宗白华全集(一).合肥:安徽教育出版社,2008:36—37.

·123·

佛学禅宗的鼎盛时期，再到两宋以降向底层社会全面渗透时期，直至晚清以来再度辉煌的复兴时期，经历了漫长而曲折的发展过程。作为外来文化，佛教早已融入中国文化的血脉之中，与本土的儒道文化一起，成为中国文化的三大基本组成部分，它在中国文化思想史上的地位和作用是无以替代的。

佛教文化在中国的发展，有两个重要的转折期，被称为中国佛教的两次"革命"。佛教的"第一次革命"发生在中国佛教发展鼎盛期的隋唐时代，以中国佛教的重要流派禅宗的确立为标志，由禅宗六祖慧能大师最终完成。此次佛教革命的标志是，佛教从外在的佛祖崇拜转化为内心佛性的追求，实现了由外向内的超越。这是佛学自东汉传入中国之后，集数百年中国文化之精华，走向成熟和辉煌的必然结果，它将中国文化思想的内省的特质推到了顶峰，对中国学术思想的发展起到了巨大的推动作用。

中国佛教的"第二次革命"自晚清肇始，这是佛教经历宋明以来几百年沉潜后的又一次悲壮的勃兴。这与佛学内在精神气质与时代的契合有密切联系，关于这一点，麻天祥先生在他的《20世纪中国佛学问题》中从以下五个方面做了透彻分析。

首先是佛学的否定精神与社会批判意识的认同。佛教的根本精神就在于否定。它通过对黑暗社会和苦难人生的系统反思，对现实产生一种几乎可以说是深恶痛绝的厌恶情绪，因而形成了以苦空观念为核心的否定精神，因而形成人生皆苦、万法皆空的理念，这实际上也就是对世俗社会的彻底否定与批判。佛学这种对世俗的否定，显然可以被用来批判晚清以来西方列强欺凌、朝廷奢侈腐败、军阀混战割据、百姓朝不保夕的社会现实。所以，佛教在当时自然就被思想家们用作批判的武器，辅助其他批判武器，甚至是武器的批判，指向社会政治，成为当时社会批判意识的一个组成部分而涌入思想界。

其次是佛学的思辨性与学问饥荒环境中对理性思维渴求的认同。晚清至20世纪前半叶，中国社会不仅面临着生死存亡的民族危机、政治危机，同时也面临着前所未有的文化危机。传统的儒学无法挽救奄奄一息的封建专制的社会制度，更不能承担起富国强兵、救亡图存的历史重任，外来的西学又难以适应中国的国情和民族心理，造成了前所未有的时代的"学问饥荒"。无论是新学家，还是革命派，都在探求变革的理论依据。中国佛教不仅在空的论证、名相分析等思辨性方面能够解救这一理性思辨的饥渴，为社会变革提供系统的逻辑论证，又能够适应中国的文化心理结构，在社会上具有广泛的可接受性。于是，在众多思想家的努力下，逐渐形成了佛儒结合、中西结合的新的思维方式，也导致思想家学佛成为一种时代风尚。

其三是佛学的众生平等与民权思想的认同。"平等"是佛学的一种重要的精神特质，当年释迦牟尼就是厌弃古印度婆罗门种姓制度造成的人类不平等的现象而出家修行的。佛陀在几十年的弘法实践中，也始终坚持平等观为一切苦难众生说法。在他的弟子中，优婆离出身首陀罗，但在僧团中的地位也没有因此而降低。佛法还在理论上对众生平等做了一系列论证，如"众生平等"，"平等是诸法体相"，"是法平等，无有高下"等等。总之，无论在实践上，还是在理论上，佛教都是最具平等精神的，而且是最彻底的平等精神。这一点，为近世新民德、求民权的思想家们提供了重要的争取民主的理论武器。

其四是佛学自贵其心与个性解放意识和意志决定论的认同。佛教自始至终都把它的着眼点放在了心性问题上，特别是在中国的发展，越到后来越专注于心性问题的研究与阐发，形成了一套完备的心性学说。它将终极依托由独立外在的佛，转向普遍内在的自心，便确立了自贵其心的理论纲领。无论是认知的过程，还是解脱痛苦的宗教实践，乃至终极依托的形式，都是在人的自心内实现的。这种对自心的终极依托和自贵其心的坚定信念，显然与追求个性解放，崇尚心力，表现为意志决定论的时代哲学精神不谋而合。近世思想家抓住了这一佛学理论的精髓，乞灵于纯粹的，具有无穷力量的心识，无限膨胀的意志的作用，把心力看作维系国家命运和推动历史前进的根本动力。

其五是普度众生的菩萨行与救亡图存的使命感的认同。佛教的宗教实践活动在理论上被概括为五乘教法,即五种实践方法,包括人乘、天乘、声闻乘、缘觉乘、菩萨乘。前四种专为个人解脱,第五种菩萨乘则强调自利利他,把普度众生作为修行佛道的中心课题,这就形成了以普度众生为特点的大乘佛学思想。菩萨即菩提萨陀的简称,意为觉有情(众生),也就是悲智双运,修持六度(布施、持戒、忍辱、精进、静虑、智慧),上求佛道,下化众生。这是传入中国的大乘佛教的主要教法,因此,中国佛教以普度众生为自己的基本思想特征。而整个近代社会的思想,都是以救亡图存为核心的。在这样的历史条件下,佛法悲天悯人、普度众生的思想,很自然地就和近世思想家济世度人、救亡图存的忧患意识和使命感形成深度契合。①

于是,一些所谓新学家者,无不把目光纷纷转向佛学,欲治一种熔中学与西学、儒学与佛学、新学与旧学于一炉的“不中不西,即中即西”的新学问,以适应时代文化发展的需要,汇聚成一股强烈的佛学复兴的文化思潮。

二、近代思想家的佛学思想

近代中国佛学复兴的社会思潮,由学者、居士和寺僧三个方面协力推波助澜,三者从不同的角度参与社会的变革,实现了中国近代哲学的革命。以下我们列举部分思想家的代表思想,以加深我们对佛教在近代中国思想界、学术界影响的感性认识。

(一)济世救国的学者佛学思想

关于学者佛学,梁启超在《清代学术概论》一书中说:

“晚清思想家有一伏流,曰佛学。前清佛学极衰微,高僧已不多,即有,亦与思想家无关系……其后龚自珍受佛学于绍升(彭际清)……魏源

---

① 麻天祥. 20 世纪中国佛学问题[M]. 长沙:湖南教育出版社,2001:27—35.

亦然。龚魏为今文学家所推奖,故今文学家多兼治佛学......谭嗣同从之(杨仁山)游一年,本其所得以着《仁学》......启超不能深造,顾亦好焉,其所著论,往往推挹佛教。康有为本好言宗教,往往以己意进退。章炳麟亦好法相宗,有著述。故晚清新学者者,殆无不与佛学有关系。"①

梁启超描述虽未必十分准确,但在总体上对学者佛学进行了一个脉络的梳理:学者佛学从龚自珍发端,经历康有为、谭嗣同、梁启超、章太炎、熊十力等众多学者的不断发展,他们从佛学中撷取真如、心识、缘起、三性、四谛、六尘、八识等范畴,借助其思辨的方式,吸收佛学精华,采取极富创造精神的灵活姿态,建筑起了自己的思想体系,目的却只有一个,经世致用,力挽狂澜。

1. 龚自珍:发起大悲心愿

龚自珍(公元 1792—1841 年),字璱人,号定盦,浙江仁和(今杭州)人。清朝中后期著名思想家、文学家、哲学家。

龚自珍出身于书香门第兼封建官僚的名门世家,19 岁中乡试后,屡经挫折,终于中得举人、进士。但为官之路并不平坦,先后做了二十几年的下级京官,终因得罪上级,辞官南归。后在丹阳的云阳书院、杭州的紫阳书院担任讲习。

龚自珍是生活在中国近代社会转折时期的一位承前启后的思想家,他清醒地看到了中国社会天崩地解、大变将至的时运,也敏感地看到了儒学的衰微没落、难以为继的态势,对于佛学有较深造诣的他,便向佛学中去努力寻找力挽狂澜的制胜法门。

龚自珍的学佛历程大约是从 30 岁正式开始的,作为一位虔诚的佛教信仰者,龚自珍曾受菩萨戒,学佛之心至晚年尤笃。这样的人生经历,使得龚自珍集中国传统知识分子、士大夫、佛教徒三种角色于一身,所以,在他身

---

① 梁启超. 清代学术概论[M]. 台北:中华书局,1971:73.

上,那种鲜明的忧患意识和使命感衍化为强烈的求取功名、补天济世的进取精神,士大夫的闲情逸致衍化为玩世不恭、游戏人生的处事态度,佛教徒的虔诚信仰衍化为自觉觉他、救济众苦的愿心。因此,他在讨论学术的过程中,非常喜欢仿引佛典,后人常言康有为、梁启超、谭嗣同等都深受他的影响而皆喜佛学。总之,龚自珍的佛学思想在近代中国哲学革命中,起到了开风气之先的作用。

大乘佛教要求佛教徒修持一种大智慧,成为具有大愿心的勇者,以超越人生苦难,以拯救苦难众生,这对龚自珍的影响很深。龚自珍借助于对佛教的虔诚信仰,特别强调人的心力的重要作用。如他在《发大心文》中,借助于自己所发之宏愿,将世间一切美丑善恶皆归因于唯心所造,强调在人世间的一切作为均以"发心为先",强烈批判了现实社会中的贪官污吏们"侥取荣利,贪赂罔法"的无耻行径,要求自己按照佛法的"正思维"去"发大心","坐大愿船","自鼓愿楫","当念众生贱苦","当念众生在于地狱,既受无量痛苦","我以法力取龙宫宝贝,或美衣食,而以度之","我皆不惮畏惧亲往而以度之",总之,整顿世道人心,解救生民于水火,是龚自珍虔诚的心愿,也是那一代知识分子共同的心愿。

2. 康有为:创设大同理想

康有为(公元1858—1927年),字广厦,号长素,广东省南海县人。中国政治家、思想家、教育家,曾与弟子梁启超合作戊戌变法,后事败出逃。辛亥革命后回国,定居上海,主编《不忍》杂志。

康有为幼年受到良好的传统思想教育,兼治儒佛两家,对于圣贤之学、先正之风、寺观之祖师、儒流之大贤,均有深入涉猎。青年时期,对佛学产生更加浓厚的兴趣,甚而至于摒弃群书,谢绝朋友,专治静坐养心,进行禅修的实践体验。这样的实践背景使他对佛学思想有较深而且十分独特的体验,他甚至在《南海先生自编年谱》中,对自己的独特体验有过这样的记载:"静坐时忽觉天地万物皆我一体,大放光明,自以为圣人则欣喜而笑,忽觉苍生困苦,则闷然而哭。"于是他"舍弃考据贴括之学,专心养心,既念民生之艰难,天与我聪明才智拯救之。乃哀物悼世,以经营天下为志"。很明显,这种带有极强宗教色彩的情绪体验,说明他已将传统知识分子的忧患意识与大乘佛学救拔众苦的悲愿深入融合,自觉承担起了救世济民的重任。

康有为生于乱世,目睹了国家和人民所遭受的种种苦难,于是寻找一种至善至仁的救世之道。他在《大同书》中说道:"盖全世界皆忧患之世而已,普天下人皆忧患之人而已,普天下众生皆戕害之众生而已;苍苍者天,抟抟者地,不过一大杀场大牢狱而已。"这完全是以佛教的视角来观察现实的结果,整个社会被视为无尽苦海,芸芸众生头出头没,无有解脱之术,这实际上是他对近代中国社会和中国人的生存状态的认知。他表示,自己生活在如此乱世,目睹了众生所受之苦难,自思有责任拯救之。然冥思苦想,遍观世间一切救世之方,唯有实行"大同太平之道"是最佳选择,舍弃大同之道而想去救众生苦难,使其得到"大乐",是不可能的。

康有为创思出来的大同世界,是一个极具佛学色彩的理想世界。这一世界建立在对治现实世界种种苦难基础之上。"九法界"是佛教术语,佛教将意识所缘的不同境界分为九法界:地狱、恶鬼、畜生、人、阿修罗、天、声闻、缘觉、菩萨,其中前六者为六凡法界,即凡夫之境界,也是佛教常说的"六道",后三者是三贤法界,虽无众苦,但不圆满。处于此九法界者均为众生,均需要佛法救度。康有为依佛教的这一思路,将现实世界推演为痛苦充满的"九界",即:(1)国界,有疆土部落之分;(2)级界,有贵贱清浊之分;(3)种界,有黄白棕黑之别;(4)形界,有男女之别;(5)家界,有父母、兄弟、夫妇之私;(6)业界,有农、工、商私产之分;(7)乱界,有不平、不同、不公之法;(8)类界,有人与鸟、兽、虫、鱼之别;(9)苦界,以苦生苦,无穷无尽。我们摒弃科学的逻辑而用思想的眼光来审视,可以看出康有为的"九界说"是他对现实世界种种类型的苦难的独特诊断,深受大乘佛学影响的他,便以佛教慈悲救世的悲愿,认真思考并寻找出对症下药的良方——破除九界之分别,合而为大同世界,具体表现为去国界而合大地,去级界而平民族,去种界而同人类,去形界而保独立,去家界而为天民,去产界而公生业,去乱界而治太平,去类界而爱众生,去苦界而治极乐。这是一个至公至平、至仁至善的世界,与佛教所谓的极乐世界并无二致。不难看出,这其中昭示出他救苦济世的良苦用心,更闪烁着自由、平等、博爱的时代精神。

3. 梁启超:唤醒民众灵魂

梁启超(公元 1873—1929 年),字卓如,号任公,广东新会人。中国近代维新派代表人物,近代中国的思想启蒙者,深度参与了中国从旧社会向现代社会变革的伟大社会活动家,民初清华大学国学院四大教授之一。

梁启超早年师从康有为,于中学、西学、佛学均有深入研究,形成他宏阔的文化视野,而在佛学上,他表现出更为浓厚的兴趣。他几乎全面接受了佛教的一切皆苦的人生价值判断,实际上是对现实社会给予强烈批判与否定,对民众苦难人生给予深切同情。他将大乘佛学"上求佛道,下化众生"的出世思想和入世精神与中国传统知识分子的责任感、使命感有机结合,积极探索救国救民的有效途径。

戊戌变法失败后,梁启超深入总结历史教训和变法失败的原因,认为中国的前途在于"群治",而要解决"群治"问题,则在于全体国民必须有坚定的"信仰"。但中国人最大的病根就是一直缺少信仰,因此缺少坚定的文化精神力量的维系。他在许多文章和演说中,都谈到"信仰"的重要性,如在《论支那宗教改革》中他曾经这样说过:"凡一国之强弱兴废,全系乎国民之智识与能力,而智力能力之进退增减,全系乎国民之思想,思想之高下通塞,全系乎国民之所习惯与所信仰。"在梁启超看来,信仰在一个人来说是一个人的元气,在一个社会来说是一个社会的元气,在世界混乱、列强争雄的时代,一个人乃至一个民族要立足社会,立足世界,最要紧的就是确立信仰。

在对佛教深入研究之后,梁启超认为在现实中的中国社会,真正的信仰舍佛教而无他。他在著名的《论佛教与群治之关系》一文中说:"吾祖国前途有一大突出问题:曰中国群治。尝以无信仰而获进乎? 抑当以有信仰而获进乎? 是也,信仰必根于宗教……同此一问题,而复生出第二之问题,曰中国必需信仰也。则所信仰者,当属于何宗教……吾请言佛学。"梁启超为什么会对佛学情有独钟? 这与他对佛教深入研究得出的认识有密切关系。在该文中,梁启超条分缕析,给出了六大理由:一是"佛教之信仰乃智信而非迷信",因为佛教教理十之八九关乎哲学学理,其目的在于使人积真智、求真信而已,绝不像有的宗教那样教人专迷信教主,而是教人们获得智慧,追求真理;二是"佛教之信仰乃兼善而非独善",因为佛教有"有一众生不成佛,我誓不成佛"的大悲愿,具有舍己救人的精神;三是"佛教之信仰乃入世而非厌世",因为佛教有"当下地狱""常住地狱""常乐地狱""庄严地狱"之志,这就是创造新世界的希望,可以拯救国家乃至世界;四是"佛教之信仰乃无量而非有限",因为佛教认为人生虽有限,而灵魂却永存,故不会贪生怕死而能勇往直前;五是"佛教之信仰乃平等而非差别",因为佛教有"一切众生,皆有佛性""一切众生,本来是佛"之说,其立教之目的,则在使人人皆与佛平等,此与立宪政体的政治理想完全一致;六是"佛教之信仰乃自力而非他力",因为佛教强调因果,认为吉凶祸福,唯人自作自受,故知此义可戒治腐败而通于治国。

不难看出,面对变法的失败,梁启超深刻认识到国民思想观念革新的重要性,他强调新民志、新民德、新思想,而佛教则成为他"新民"的重要手段,他希望通过佛教来统一民众思想,带给人希望,想凭借佛学这一有力思想武器,来鼓舞人们继续进行变法斗争,激励人们发愤图强的精神。

4. 谭嗣同:服务维新变法

谭嗣同(公元 1865—1898 年),字复生,号壮飞,湖南长沙浏阳人。清末百日维新著名人物,是中国近代资产阶级著名的政治家、思想家。

谭嗣同是学者佛学中最为激进的维新派,30 岁时恰逢中日甲午战争,因而导致了他思想上的激剧变化。从此他抛弃传统旧学,努力接受新学、西学,同时开始研究佛学。不久,又在南京求教于杨文会,深得华严要旨。谭嗣同深受老师康有为的影响,始终牢记康有为的教导:"以求仁为宗旨,以大同为条理,以救国为下手,以杀身破家为究竟。"为了使国人认识到变革必须流血的道理,他实践佛教大无畏的献身精神,成为"中国为国流血第一烈士"。

谭嗣同的佛学思想集中体现于他的《仁学》一书中。关于他的《仁学》思想,李向平如此评价:

"谭嗣同冥探佛孔之精奥,会通群哲之心法,衍绎南海之宗旨,著成《仁学》一书。他以佛教唯识宗、华严宗、禅宗的思想为基础,而通之以科学;又以今文学家'太平''大同''三世'之义,作为'世法'的原则、规范,而通之以佛教……《仁学》书中,虽然'其驳杂幼稚之论甚多,固毋庸讳',但是,谭嗣同立志在于'别开一种冲决网罗之学',戛戛独造,前清一代,未有他人。至于佛教思想在《仁学》中的地位和作用,则尤其不应忽视。以至于可以把《仁学》当作'佛书'来读。所谓'别开一种冲决网罗之学',当是谭氏身体力行的'应用佛学'。"①

谭嗣同的"应用佛学"其旨在于服务维新变法,也就是说,佛教适应了谭嗣同应时济世的紧迫感和救国救民的责任感,因此他努力探寻佛法中积极的、有价值的理论观念,应用于救国济世的实践中。

通观谭嗣同的应用佛学思想,突出表现在以下几个方面:

一是借鉴佛学的平等观,将佛学当作维新变法的重要思想武器。在原始佛教的教团里,婆罗门、刹帝利种姓、首陀罗种姓(即奴隶),是没有高低贵贱之分的。谭嗣同认为,要打破中国数千年来的封建制,就必须借鉴佛学中的这种平等思想。他说:"其在佛教,则尽率其君若臣与夫父母妻子兄弟眷属天亲,一一出家受戒,会于法会,是又普化彼四伦者,同为朋友矣。无所

---

① 李向平.救世与救心 中国近代佛教复兴思潮研究[M].上海:上海人民出版社,1993:50.

谓国,若一国,无所谓家,若一家,无所谓身,若一身。"①这是说,在佛教中,君臣、父子、夫妇、兄弟等都是一律平等的,没有上下尊卑之别。认为"大同之治,不独父其父,不独子其子,父子平等,更何有于君臣? 举凡独夫民贼所为一切相制束缚之名,皆无得而加诸,而佛遂以独高于群教之上"。②他极力反对君主专制,认为"二千年来君臣一伦,尤为黑暗否塞,无复人理,沿及今兹,方愈剧矣。夫彼君主犹是耳目手足,非有两头四目,而智力出于人人也,亦果何所恃以虐四万万之众 哉"?③"生民之初,本无所谓君臣,而皆民也。民不能相治,亦不暇治,于是共举一民为君。夫日共举之……则且必可共废之。"④国君能被民众推举和废除都是天经地义的。他竭力提倡男女平等,认为"佛书虽有'女转男身'之说,惟小乘法尔。若夫《华严》、《维摩诘》诸大经,女身自女身,无取乎转,自绝无重男轻女之意也"。⑤

　　其二是萃取佛学"为人不为己"的"无我"精神,不断激励斗志。中国佛学唯识宗继承了印度大乘佛学空宗的"我法两空"的思想,提出了"三界唯心""一切唯识"的理论,这本是一种极端的唯心主义,但谭嗣同却从中吸取了"无我"的思想,使之成为一种"为人不为己"的高尚的人生观,一种奋不顾身的自我牺牲精神。他说:"好生而恶死也,可谓大惑不解者矣! 盖于'不生不灭'普焉。"⑥"知身为不死之物,虽杀之亦不死,则成仁取义,必无怛怖于其衷……是故学者当知身为不死之物,然后好生恶死之惑可祛也。"⑦将生死都置之度外了,就应该选择利人、救人的人生道路。所谓"救人之外无事功,即度众生之外无佛法"。⑧这就需有"无我"精神,"欲平等,必化异

①　蔡尚思,方行.谭嗣同全集[M].中华书局,1981:351.
②　蔡尚思,方行.谭嗣同全集[M].中华书局,1981:334—335.
③　蔡尚思,方行.谭嗣同全集[M].中华书局,1981:337.
④　蔡尚思,方行.谭嗣同全集[M].中华书局,1981:339.
⑤　蔡尚思,方行.谭嗣同全集[M].中华书局,1981:304.
⑥　蔡尚思,方行.谭嗣同全集[M].中华书局,1981:308.
⑦　蔡尚思,方行.谭嗣同全集[M].中华书局,1981:309.
⑧　蔡尚思,方行.谭嗣同全集[M].中华书局,1981:371.

同,欲化异同,必无我相"①。主张关键时刻虽"杀身灭族"②也在所不惜。谭嗣同本人就始终坚守佛学的这种"无我"精神,当变法失败,明知必死,却并不逃避,而是"竟日不出门","坐以待捕",最后英勇牺牲。

其三是认同佛教轮回说,将"舍身"变法视为"大无畏"的佛学境界。他认为,佛教的轮回说不仅能使人改恶迁善,不敢"欺饰放纵",而且可以消除人们"好生恶死"之惑念。"由念念相续而造之使成也。例乎此,则轮回亦必念念所造成。佛故说'三界唯心',又说'一切唯心所造'。"③认为轮回是由念念相续而造成,如果能消除"好生恶死"的惑念,那么"舍身"即"唯心所造",也是一种成佛标志。他说:"佛一名'大无畏'。其度人也,曰'施无畏'。无畏有五,曰:无死畏,无恶名畏,无不活畏,无恶道畏,乃至无大众威德畏。"④佛本身就是大无畏的化身,佛教的"精意"就是"威力""奋迅""勇猛""大无畏""大雄"。所谓"善学佛者,未有不震动奋厉而雄强刚猛者也"。⑤他庄严地宣告:"各国变法,无不从流血而成,今日中国未闻有因变法而流血者,此国之所以不昌也。有之,请自嗣同始!"⑥这里,表现了谭嗣同为追求真理而不惜牺牲的精神,直到临刑前还高喊"有心杀贼,无力回天,死得其所,快哉快哉"!

(二)弘法兴教的居士佛学思想

中国佛教发展到清代,其势渐衰,寺僧多乏学力,宗教精神日渐衰颓,隋唐时期佛教昌明的景象至晚清已丧失殆尽。然而,佛教毕竟在中国经历了长期的渗透,到了乾嘉时期,部分理学家,如彭绍升、罗有高等,对佛学产生了浓厚兴趣,导致居士佛学成为晚清思想界一大景观。

居士佛学之所以能成为近代佛学主流之一,究其原因无外乎如下方面:

---

① 蔡尚思,方行.谭嗣同全集[M].中华书局,1981:260.
② 蔡尚思,方行.谭嗣同全集[M].中华书局,1981:474.
③ 蔡尚思,方行.谭嗣同全集[M].中华书局,1981:313.
④ 蔡尚思,方行.谭嗣同全集[M].中华书局,1981:357.
⑤ 蔡尚思,方行.谭嗣同全集[M].中华书局,1981:321.
⑥ 梁启超.饮冰室合集(下)[M].中华书局,1936:2—9.

一是禅、净双修因雍正的推崇而盛行,中国社会名流亦多研究佛理。二是清室采取社会与寺院僧尼隔离政策和废止度牒试经政策,导致佛寺僧尼地位降低、僧尼素质低落。但是,儒、佛融和之论亦时被提倡。三是汉藏佛学的沟通和中外佛学的交流,也催生了偏重佛学研究的考据之学。但由于心性义理阐述乏人,社会知识分子大多趋向佛教。四是寺僧与居士联合,用以满足寺院僧伽文化教育的需要。清末实行庙产兴学政策,支持地方自筹资金办学。在僧伽义学教育衰落的情况下,一些寺僧转向社会求助。从1904年开始,浙江的寄禅、松风和北京的觉先、湖南的笠云等佛门先进,相继在杭州、北京、宁波等地筹设僧教育机关。杨文会的祇洹精舍就是在此背景中创设起来的。居士佛学也由此得以兴起和发展壮大。

1. 杨文会:刻经讲学兴教

杨文会(公元1837—1911年),字仁山,号深柳堂主人,自号仁山居士,安徽石埭(今石台)人。杨文会本出身仕宦之家,但少年厌弃仕途,喜乐闲云野鹤的生活,性任侠,好剑术,读奇书,爱吟诗诵词,对当时传入的西学也甚有兴趣。中年后,专心于佛学,成为中国近代著名佛学家。他开中国近代佛学之新风,为继承、传播佛教文化耗尽了毕生的心血,被后人称为"现代中国佛教复兴之父""中国佛学的中兴之祖",太虚大师称其为"中国佛学重昌关系最巨之一人"。

杨文会对近代佛学的突出贡献是多方面的,但"刻经、兴学是杨仁山的毕生事业,也是其一生的主要贡献。但杨氏学兼内外,且熟悉西方政治和现代科学技术,对资本主义文明有望尘莫及之叹。由于当时进步思想家多项相往还,所以,其事业之成就和思想潜移默化之渗透作用远不止在刻经流通和僧学教育等有形事业中。其影响所及,普被僧界、俗界、政界、学界,不仅开近代居士佛学之新风,而且直接影响了寺林佛学和经世佛学"[①]。在这里

---

①　麻天祥.晚清佛学与近代社会思潮[M].开封:河南大学出版社,2005:293.

我们特别想提及的,就是创办金陵刻经处和培养佛学人才两个方面。

创办金陵刻经处,是杨文会为中国近代佛学做出的第一大贡献。1865年,杨文会因参加江宁工程工作而来到南京,在南京,他结识了一批学佛的朋友,经常在一起研究切磋佛学。他们共同有感于经历多年战乱,江南佛教典籍文物逸失严重,给深入研究佛学和弘扬佛法带来极大困难。而杨文会认为,在末法时代研究宗教,普利终生,全赖流通经典,于是,他集合学佛同志,发愿刻印方册藏经,以方便流通。杨文会亲自拟定刻经章程,其他人更是分别向其他大众广为宣传,劝募刻印经卷。于是,在大家的共同努力下,由杨文会主持,在南京创立了金陵刻经处。受杨文会的影响,另有郑学传(出家后法名妙空)在扬州创立扬州藏经院(又名江北刻经处),曹镜初在长沙创立长沙刻经处。这样,以金陵刻经处为核心,另两处刻经处为辅助,经50余年的努力,总计刻印各种佛经3 000余卷,为近代佛教复兴提供了大量的、系统的资料,其功绩十分显赫。尤其值得一提的是,他刻印了逸失已久的唐代窥基和尚的《成唯识论述记》等唯识佛学著作,引起当时学术界的浓厚兴趣,促进了近代唯识学研究的振兴。

在培养佛学人才方面,杨文会也做出了突出的贡献。1907年,他以金陵刻经处为基地,创办佛教学堂,命名为祇洹精舍。祇洹精舍开设多门佛学课程,杨文会亲自执教,自编课本,培养了大量的通达佛学的僧俗人才,现代佛教革新运动的主将太虚大师,即为祇洹精舍的学员。栖云、仁山、了悟等现代名僧,亦曾就学于祇洹精舍。先后从杨文会居士学佛学者,还有欧阳渐、梅光羲、谭嗣同、桂伯华、李证刚、蒯若木、黎端甫、孙少侯、李澹缘、高鹤年、章太炎、谢无量等人,其中颇多政界、学界、教界的一流英才。正如梁启超在《清代学术概论》中所说:"故晚清所谓新学家者,殆无一不与佛学有关系。而凡有真信仰者率皈依文会。"杨文会本人在佛学方面是"教宗贤首(华严),行在弥陀(净土)"。但他对门下弟子则各就其所长而引导之,不强求以一家一说,因此,其弟子都各擅一家,有独到的造诣。

2.欧阳渐：弘扬唯识佛学

欧阳渐(公元 1871—1943 年)，字竟无，江西宜黄人，近代著名佛学居士。欧阳渐出生于诗礼仕宦之家，家学深厚，早年攻程朱理学，后进南昌经训书院研习经史天文历算，学习成绩优异。经历戊戌变法之后，生人生无常之叹，在友人的影响下，开始接触佛经，后拜杨文会为师，潜心研究佛学，后创办支那内学院，继续刻经、讲学的事业。欧阳渐大力倡导居士佛学，主张在家居士可以护持佛法，在他的努力倡导和推进之下，居士佛学获得了极大发展，并向当时中国文化学术领域广泛渗透，对中国近代佛学复兴起到极大的推动作用。他本人以及他创办的支那内学院，也成为当时居士佛学的代表和中心，后人尊称他为近代居士佛学之泰斗。

欧阳渐佛学研究的鼎盛时代已经是民国时期，此时的中国社会虽仍然是政治混乱，经济凋敝，但已经不是康、梁、谭所处的民族危亡时代，文化学人所关心的已经不再是靠佛学济世度人，而是作为民国政治基础的道德文化重建问题。因为此时中国文化思想的特征是旧的思想已被扬弃，西方思想难以适应中国国情，新的思想观念一时无法确立，形成一种道德体系、价值观念严重混乱、缺失的局面，整个社会乱象丛生，邪思横议纵横泛滥，国人的精神世界极度空虚，急需寻找安身立命之所。而在欧阳渐看来，佛教可以破除人类一切思想上的疑惑，解除人类一切宗教上的迷信，解决人类一切哲学上的妄见，能够带给人正知、正见、正信，于是他以弘法为己任，反对政治与宗教的结合，主张纯粹的佛学研究。

欧阳渐认为"佛教非宗教非哲学"，而是"与宗教哲学外，别为一学"。在他的主持下，支那内学院也成为一个文化学术机构，旨在通过佛学研究，获得"如镜之智"，以照彻一切事物，获得真理，用为拯拔群众苦迷之器具，而使天下人皆能获得宇宙人生之真相，可见这已经不再是一个简单的宗教信仰问题，而是一个真理探索问题。也正因如此，欧阳渐倾心于法相唯识学的研究，法相唯识学的知识理性特征，让欧阳渐叹为观止。在欧阳渐看来，这正是拯救世态人心的良药,所以他以复兴玄奘窥基的唐代法相唯识学为己任,并影响了一代居士的佛学追求。

(三)弃旧革新的寺僧佛学思想

寺僧佛学,虽然自清代开始走向衰落,但在学者佛学和居士佛学的推动下,为了维护自身的发展,也必须调整自己的身姿,改变自己的方向,进一步向社会靠拢,展现出一定的新兴之象。这一时期出现了一些著名的高僧,如华严宗的柏亭续法,禅宗的天童道忞、玉林通琇、憨璞性聪,净土宗的省庵实贤、彻悟际醒,等等。在众多高僧中,最有代表性的,当首推太虚大师。

太虚大师:佛教入世革命

太虚(公元1890—1947年),法名唯心,字太虚,原籍浙江崇德(今浙江桐乡),生于浙江海宁,近代著名高僧。太虚大师是中国近代佛教改革运动中的一位理论家和实践家,一生致力于佛教的改革,倡导人生佛学。他终生的事业不仅在于护教,而且全心进行佛教的革命,实现了佛教的入世转向。正如楼宇烈所说:"在近代中国佛教改革的浪潮中,太虚大师是一位杰出的高僧,佛门的龙象。他一生为振兴佛教、建设新的佛教文化而献身,真可谓是鞠躬尽瘁,死而后已。乃至今日,在广大佛门四众中,太虚大师为振兴佛教、建设新佛教文化而献身的精神,仍有着深刻的影响,祈祷楷模和鼓舞的作用。"①

青年时代的太虚虽为僧人,但却满怀忧国忧民忧天下的一片赤诚,在深入研究佛家经典的时候,他同时深入阅读了康有为的《大同书》、梁启超的《佛教与群治之关系》、谭嗣同的《仁学》、严复的《天演论》、章太炎的《告佛子书》、邹容的《革命军》等等,甚至对西方思想家,如托尔斯泰、巴古宁、克鲁泡特金、马克思等的学说也产生浓厚兴趣,这深深激发起他以佛教济世救人的热心宏愿。他从佛教救世的立场出发,认为中国在经历了一场社会政

---

① 楼宇烈.中国佛教与人文精神[M].北京:宗教文化出版社,2003:138.

治的革命后,佛教也需要革命。

在太虚大师看来,代表佛教的寺僧,如果不能适应当前社会发展的需要以发扬佛教精神,就失去了存在的意义,佛教如果不谋求自身的改善,也必将被社会所淘汰,于是,他公开提出佛教的"三大革命"的主张,即教理革命、教制革命、教产革命,以人间佛教追求人间净土,实现佛教的入世转向。

正因如此,太虚作为佛教徒,虽以佛法应世,但其思想已经离开了佛教的殿堂,走向世俗,表现出鲜明的治世色彩。他强调佛教应关注现实人生,认为人生佛学应该"恶止善行""进德增善",达到"圆满福慧的无上正觉","承担各种济人利世的事业,改良人群的风俗,促进人类的道德,救度人类的灾难,消弭人世的祸害",要"凭各人一片清净之心,去修集许多净善因缘",变恶浊社会为庄严净土。

三、宗白华与佛教学者的交缘

宗白华生活在这样一个佛学复兴的大时代里,与包括上述某些思想家在内的众多佛教大师、学者有着诸多交缘。

(一)与佛学大师、学者的交往

这里我们首先想要提及的是宗白华与佛学大师马一浮的交往。

马一浮(公元 1883—1967 年),浙江会稽人,中国现代思想家,现代新儒家的早期代表人物之一,与梁漱溟、熊十力合称为"新儒家三圣"。马一浮曾任浙江大学教授,于古代哲学、文学、佛学,无不造诣精深。马一浮一生大部分时间过着隐居的生活,但其渊博的学识、深邃的思想却吸引了众多著名的学者向其拜访请教,如梁漱溟、熊十力、李叔同、汤用彤、丰子恺、朱光潜、苏曼殊等等,这其中也包括宗白华。这些学者的思想几乎都有深厚的佛学色彩,而这与马一浮的影响是分不开的。早在 1917 年 10 月,年轻的宗白华就曾写信给马一浮,欲拜为师,深研佛学。马一浮虽未接受其郑重之请,但却告诉他"德性之本,具于一心,为仁由己,不假外求""读书穷理,实有余师"的"自得"方法。尽管拜师未能达成心愿,但马一浮的指导却让宗白华一生受益匪浅。不仅如此,翻开宗白华全集我们会发现,宗白华与上述学者之间都曾有不同程度地交往,不难想象,与马一浮的往来以及由此展现出来的他们之间的共同的思想倾向,不同程度上成为宗白华与这些学者交往的精神纽带。

李叔同(公元 1880—1942 年),山西洪洞人,出生于天津,中国现代著名艺术家、艺术教育家,中兴佛教南山律宗。李叔同早年曾经随马一浮研习佛学,后正式出家成为一代高僧——弘一法师。出家前,李叔同曾与宗白华同在东南大学执教,二人交往较多,他那利用佛教唤起民气参与救国的思想,对宗白华颇有影响,其超然入世的佛教精进情怀就是突出表现。

汤用彤(公元 1893—1964 年),祖籍湖北省黄梅县,生于甘肃省渭源县,哲学家、佛学家、教育家、国学大师。宗白华与汤用彤交往甚密。汤、宗分别从美、德留学回国,都任教于中央大学,各自开设佛学与美学课程。1930年,汤用彤到北大任教,遂推荐宗白华继任中央大学哲学系主任。20 世纪三四十年代,二人同任中国哲学年会理事,建国后同教授于北大,曾就中国美学研究方法进行讨论,宗白华对汤用彤提出的应该研究《大藏经》中有关篓篌的美学问题极为赞同。据宗白华弟子林同华回忆,汤、宗二人之所以相知,关键原因在于思想与观点,以及学风、生活态度完全合拍。就思想而言,汤用彤在佛学史、魏晋玄学、玄佛关系方面堪称一流,而"宗先生青年时期爱读那优美的《华严经》,视'圆融无碍'为最高境界。又喜爱庄子、康德、叔本华、歌德的思想和王、孟、韦、柳等人的绝句……禅宗的不立文字,直指人心,见性成佛,一闻言下大悟,顿见真如本性的顿悟超感性论……魏晋玄学主张得意忘言、得意忘象,这些思想均为相通。故宗先生和汤先生交往日深,情意益重"①。

---

① 宗白华.宗白华全集(四)[M].合肥:安徽教育出版社,2008:774.

方东美被部分学者认为是现代新儒家的代表人物之一,享有"民国以来,我国在哲学上真正学贯中西之第一人"之誉。方东美学术思想中的佛学气质,上一节中已做了简要介绍,此处不再赘述,这里我们想强调的是方、宗二人之间的关系。宗白华与方东美交缘深厚,青年时代,他们都是"少年中国学会"的会员,都曾留学海外,归来后均任教于东南大学哲学系,又都加入"中国哲学会",同时担任理事,从1925年到1947年,二人共事有22年之久。据宗白华的儿子回忆,当年宗白华与方东美之间有较密切交往,他们常常相互串门聊天,切磋学术,思想上相互影响在所难免。

(二)对佛教学者的推介

如果说宗白华与以上述为代表的佛学大师的交往还有一定客观的、外在的因素的话,那么,对于佛教学者及其著作的推介,则完全是宗白华主动的、积极的所为。宗白华于1919年8月受聘上海《时事新报》副刊《学灯》,任编辑、主编。其间,他将哲学、美学和新文艺的新鲜血液注入《学灯》,使之成为"五四"时期四大著名副刊之一。宗白华利用《学灯》的文艺期刊阵地,与一些哲学家、佛学家频繁交往,并以编后语等形式,对这些学者及其思想进行介绍和宣传,并借以阐释他本人对佛学的认识。在此,我们也列举几例,以为佐证。

在《〈哲学三慧〉等编辑后语》一文中,宗白华以俯瞰东西方文化的哲学高度,把方东美推介给读者。他说:"哲学家所瞑想探索的是一个个民族文化的灵魂及其命运。中国在古代接触了印度文化,在近代又接触了西洋文化。这使中国的人生内容增加了无穷丰富,但也产生了许多问题与危机。应付这些问题与危机,是中国人的命运和责任。所以'东西文化及其哲学'是近几十年来每一个中国思想家预感到兴趣的问题。然而从梁漱溟先生的《东西文化及其哲学》到方先生这篇《哲学三慧》,可以见到现在中国的哲学研究确是有进步的了。"为了让读者更好地理解和接受方东美的哲学思想,宗白华建议:方先生此文内容阂博深奥,"读者可以参考他所著的《科学哲学与人生》，那是一本文章流丽、内容丰富的发阐近代哲学与科学思想的著作"①。可见宗白华对方东美思想的关注之情，以及对读者认真负责的态度。

在《〈散原居士事略〉等编辑后语》和《〈辨二谛三性〉等编辑后语》中，宗白华隆重推介的是居士佛学的代表人物欧阳渐。前文称赞欧阳先生"创'支那内学院'于南京，阐明佛学，流布经论，为近代中国学界一重要潮流。先生气象岩岩。沈厚深邃，一代学术大师；尤关怀国难，愤慨楼寇，五六年前刊布《词品甲》专选爱国御侮词，激励国人，真古之性情肝胆中人"，并十分郑重地推出其"近著《辨二谛三性》与《辨唯识法相》二论，阐明佛学最高义谛，言简义赅，辨析精确，拟于下期发表"。②后文强调六朝隋唐时期的"中国美术史是被那云岗，龙门，天龙山，历城山各处的造像所代表。这个异常富丰而闳丽的'造像时代'，它的范围之广，成就之大，不亚于希腊雕刻"，"中国伟大的雕刻艺术因宋朝南渡以后，佛教衰落"而衰落，他敏锐地发现，"晚清以来，佛学之纯学理的研究自杨任山先生开其端，欧阳竟无先生光大之。这两篇《辨二谛三性》和《辨唯识法相》是先生最近最精的文章，我知道有多少人看不懂，仍将它发表于《学灯》"。他从艺术精神的高度予以首肯，"我以为每一项学术上的成就即是民族在文化和精神上的胜利，堆积无数的物质上的，精神上、政治上、军事上的胜利，才能完成真正的最后胜利"。并通过李证刚教授对《辨二谛三性》《辨唯识法相》两篇跋的评述加以佐证。文中他还以同期发表的青年女性方女士所记述的军训生活剪影为话题，阐述自己对佛理研究的观点，认为"世间法出世间法原本不二"，"近一百年来中国政治的腐败造成今日空前的国难，只有这一片纯洁，亲爱精诚，真正爱国家、爱民族、守纪律、重组织的青年灵魂才能洗涤一切过去，现在，新式旧式的腐败，重新建起一个国家来"。③ 这样，就把佛理研究的视角转向了一个全新

---

① 宗白华.宗白华全集(二)[M].合肥:安徽教育出版社,2008:173.
② 宗白华.宗白华全集(二)[M].合肥:安徽教育出版社,2008:195.
③ 宗白华.宗白华全集(二)[M].合肥:安徽教育出版社,2008:197.

的充满生机活力的"世间法",让人们真切感受到运用佛理的艺术人生,于当下充满爱国情怀是何等地重要。

在《〈中国书学史·绪论(续)〉编辑后语》中,宗白华集中推出了胡小石的文章,在这里,宗先生坚持"世间法出世间法原本不二"的佛学观点,解读了书法中的佛学超越精神和入世境界。他说:"龙门造像的书体皆雄峻伟茂,是方笔之极轨。这是代表佛教全盛时代教义里的超越精神和宗教的权威力量。正和西洋中古基督教哥特式大教堂的建筑雕刻绘画多用抽象的直线折角相同。《天发神谶碑》之奇伟,全用方笔,也是表示这种宗教意境。然而泰山经石峪的金刚经大字却慈祥博大,微妙圆通,全用圆笔,正表现大乘入世救世的精神。"①足以看出,宗白华已把佛理精神完全融入艺术精神领域中,见解独到而新颖。

在《〈论艺术〉等编辑后语》中,宗白华隆重推出冯友兰的《新理学》一书和在《学灯》上发表的该书的《论艺术》一章。该文中宗白华认为,王静安先生是"一代大学者",并摘引陈寅恪先生的挽辞"凡一种文化值衰落之时,为此文化所化之人,必感苦痛,其表现此文化之程度愈宏,则其所受之苦痛亦愈甚,迨达到既深之程度,殆非出于自杀无以求一己之心安而又尽也"。对王静安先生之死表示惋惜与"无限同情"。宗白华用佛理解读冯友兰的《新理学》,认为该书"可算得学术界的空谷足音",他说:"现代中国人需要悲壮热烈牺牲的生活,但也需要伟大深沉的生活,音乐对于人生的深沉化有关系,我预备发表几篇音乐家的故事。"②在他看来,王静安先生的自杀给人的教训是深刻的,人生的各种苦难需用佛理加以化解,而音乐艺术即蕴含深刻的佛理精神,人生不可缺少艺术,艺术的人生才是最可取的。

在《〈信〉等编辑后语》中,宗白华借对熊十力的《答馏生书》的介绍,重点推介了哲学家、佛学家熊十力先生,认为"熊子贞先生是一个思想家,我读

---

①　宗白华.宗白华全集(二)[M].合肥:安徽教育出版社,2008:205.
②　宗白华.宗白华全集(二)[M].合肥:安徽教育出版社,2008:209.

过他许多给青年讲学的信,都是很感动人的。这一封信尤能说出现在大学里听讲而不自修自悟的弊病。辞意恳切,发人深省,特为发表出来"。而在介绍张默生的《读大庄严经论》时,则进一步将宗教热情同艺术人生联系在一起。他说:"古代各大宗教都产生了伟大的文学和艺术,由于宗教的热情幻想及宗教宣传的目的,自然会表现许多优美动人的文艺。中国人缺乏宗教热情,所以史诗和剧曲都不发达,文学偏于伦理的理智的或个人抒情的方面,只有一部屈原的《离骚》是例外,它蕴蓄着古代民间宗教的传统,发挥而成光芒万丈富有热情幻想的文学。张先生这篇介绍佛教文学的文章是很能引起我们的兴趣的。"①

以上我们介绍了中国近代佛学复兴的文化思潮,介绍了在近代思想史上影响深远的几位著名的思想家,也介绍了宗白华与部分思想家的交往,我们的立足点不在于这些思想及思想家本身,而在于展示时代背景,了解宗白华在这一大的时代背景下的活动,进而深入挖掘佛学之所以成为宗白华美学思想的精神渊源的时代的、文化的根源。

第三节　自身生命境界的追求

宗白华曾说过:"美学的内容,不一定在于哲学的分析,逻辑的考察,也可以在于人物的趣谈,风度和行动,可以在于艺术家的实践所启示的美的体会与体验。"②真正的学者,他的文章都是用他的人生写作出来的,他的学问和思想都是用他的生命铸就而成的。宗白华美学思想的佛学精神,就是用他人生的佛禅境界写就的。

---

① 宗白华. 宗白华全集(二)[M]. 合肥:安徽教育出版社,2008:215—216.
② 宗白华. 宗白华全集(三)[M]. 合肥:安徽教育出版社,2008:604.

一、行至水穷，坐看云起

少年时代的宗白华恰如一个悠然自得的禅者。

宗白华8岁时随父前往南京，从此"便与这六朝金粉之地、江南文化名城结下了难以忘怀的缠绵情缘，经历了他在自然怀抱里热情幻想、深情体味的最初时光"。17岁一场大病过后，宗白华来到海滨名城青岛，"那段日子却是他生命里最富于诗情画意的时刻。年轻的心襟时时像春天的天空，晴朗愉快，没有一点沉渣"。半年后，宗白华又来到中国第一大都市上海，"接受博学多艺的外祖父的熏陶"，喜爱上了唐代诗人王维、孟浩然的诗句，"更令他颇多领悟"。① 对于这段难以忘怀的时光，宗白华自己在1937年发表的《我和诗》中，也有这样一大段一往情深的回忆：

> 我小时候虽然好玩耍，不念书，但对于山水风景的酷爱是发乎自然的。天空的白云和覆成桥畔的垂柳，是我孩心最亲密的伴侣。我喜欢一个人坐在水边石上看天上白云的变幻，心里浮着幼稚的幻想。云的许多不同的形象动态，早晚风色中各式各样的风格，是我童心里独自玩耍的对象。都市里没有好风景，天上的流云，常时幻出海岛沙洲，峰峦湖沼。我有一天私自就云的各种境界，分别汉代的云、唐代的云、抒情的云、戏剧的云等等，很想作一个"云谱"。
>
> 风烟清寂的郊外，清凉山、扫叶楼、雨花台、莫愁湖是我同几个小伴每星期日步行游玩的目标。我记得当时的小文里有"拾石雨花，寻诗扫叶"的句子。湖山的情景在我的童心里有着莫大的势力。一种罗曼蒂克的遥远的情思引着我在森林里，落日的晚霞里，远寺的钟声里有所追寻，一种无名的隔世的相思，鼓荡着一股心神不安的情调；尤其是在夜

① 王德胜.宗白华评传[M].北京:商务印书馆,2001:5—9.

里,独自睡在床上,顶爱听那远远的箫笛声,那时心中有一缕说不出的深切的凄凉的感觉,和说不出的幸福的感觉结合在一起;我仿佛和那窗外的月光雾光融化为一,飘浮在树杪林间,随着箫声、笛声孤寂而远引,这时我的心最快乐。

十三四岁的时候,小小的心里已经筑起一个自己的世界……只是好幻想,有自己的奇异的梦与情感。

十七岁一场大病之后,我扶着弱体到青岛去求学……这时我喜欢海,就像我以前喜欢云。我喜欢月夜的海、星夜的海、狂风怒涛的海、清晨晓雾的海、落照里几点遥远的白帆掩映着一望无尽的金碧的海。有时崖边独坐,柔波软语,絮絮如诉衷曲……

……那年夏天我从青岛回到上海……有一天我在书店里偶然买了一部日本版的小字的王、孟诗集,回来翻阅一过,心里有无限的喜悦。他们的诗境,正合我的情味,尤其是王摩诘的清丽淡远,很投我那时的癖好。他的两句诗"行到水穷处,坐看云起时",是常常挂在我的口边,尤在我独自一人散步于同济附近田野的时候。[①]

宗白华讲自己的这段经历,其基本用意在于说明这段经历与自己的诗歌创作之间的关系。但仔细研究品味,我们却从中解读出这样一个结论:少年时代的宗白华,内心蕴含着一种发乎天性的禅者的心境。

这种禅者的心境首先表现为对大自然的亲近与玩味。关于禅与自然,李泽厚曾经有这样精到的论述:"禅宗喜欢讲大自然,喜欢与大自然打交道。它追求的那种淡远心境和瞬刻永恒,经常假借大自然来使人感受或领悟……超功利,无思虑;而且似乎有某种对整个世界与自己合为一体的感受。特别是在欣赏大自然风景时,不仅感到大自然与自己合为一体,而且还似乎

---

① 宗白华.宗白华全集(二)[M].合肥:安徽教育出版社,2008:149—151.

感到整个宇宙的某种合目的性的存在。"①禅者爱自然,在禅家看来,大自然就是禅的栖息之所,大自然比社会生活更符合于禅的旨趣,禅的旨趣更契合于自然。所以,历史上流传的许多禅宗公案,几乎处处都以自然的意象作为禅机的启悟,如"如何是和尚家风?""满目青山起白云。""如何是灵泉境?""枯椿花烂漫。""如何是清静法身?""红日照青山。"自然,在禅者的眼中,就是如此亲切。少年时代的宗白华对大自然发乎天性的酷爱和持久的关注,对于大多数孩童而言是不常见的,也是不可想象的。他虽然也"好玩耍",但他的玩耍却是与众不同的。他不爱那"六朝金粉之地"的都市的繁华,他觉得"都市里没有好风景",却每每喜欢到"风烟清寂的郊外"的大自然中流连。白云、垂柳、山石、流水等等,是他"独自玩耍的对象",是他"最亲密的伴侣"。这是一种孤寂的境界,孤寂但不孤独,内心中涌动着大自然鸢飞鱼跃的活泼泼的生气。因此,他面对天空中的白云流动时,去玩味它的"色相",幻想着它时间的流程,分别"汉代的云""唐代的云",体味着它变幻的形态,分别"抒情的云""戏剧的云";他面对波澜壮阔的大海时,去玩味它的绚烂多彩和变幻莫测。在这种对自然的亲近与玩味中,他将自己的心灵完全灌注于大自然。这里既有他儿时童趣的天真,更表现出他少时自然本性与大自然的高度契合。

这种禅者的心境还表现为对自然深意的参究与追寻。在禅者看来,自然界的花开叶落、云飞水流、春风秋月、鸟翔鱼跃等等现象,它们的活动本是无意识的、无目的的,但又好像是有意识的、有目的的;好像是短暂的,却又是永恒的。正如唐代高僧大珠慧海禅师所说:"青青翠竹,尽是法身;郁郁黄花,无非般若。"他在翠竹中见到了永恒的佛性,在黄花中找到了大智慧。所以习禅者大都利用大自然这一美妙的境界进行修养,许多人通过对大自然的追寻而获得体悟。当然,这种永恒的精神的获得,需要一个追寻、参究的

---

① 李泽厚. 中国古代思想史论[M]. 北京:人民出版社,1986:210.

过程,正如宋朝有一比丘尼《咏梅》诗所云:"尽日寻春不见春,芒鞋踏破岭头云;归来笑拈梅花嗅,春在枝头已十分。"这一比丘尼见梅花而豁然悟道,但她顿悟的前过程,却是一个渐修即寻觅的过程,是在对禅意的不断追寻中而逐渐有所领悟的。

少年宗白华当然不会是有意参悟的修禅者,他只是在心灵中自然而然地经历了这一过程。他已经从孩提时代的天真烂漫向前迈进,开始了对大自然真意的探寻,"一种罗曼蒂克的遥远的情思引着我在森林里,落日的晚霞里,远寺的钟声里有所追寻"。这种追寻的情境,是一个"晨钟暮鼓"的禅修境界,在这一禅境中,他体悟到的是"一种无名的隔世的相思,鼓荡着一股心神不安的情调"。这种"隔世的相思"和"心神不安的情调",却是宗白华独有的一种心灵体验,是他在筚路蓝缕、剥茧抽丝之后,已经望见了心灵依止之所时所产生的一种刹那的情感波动,此时虽未达究竟,离入禅境界尚有一步之遥,但已是一种蓄势待飞的状态,故而有情感鼓荡不安之感,也隐含着一种莫名的喜悦。

这种禅者的心境还表现为在自然境界的领悟中对心灵的印证。禅宗强调感性即超越、瞬刻可永恒,因此更着重在所面对的普遍现象中领悟,去达到那永恒不动的静的本体,从而飞跃地进入佛我同一、物我两忘、宇宙与心灵融合一体的那种异常奇妙、美丽、愉快、神秘的精神境界。物我两忘、宇宙与心灵融合为一体的时候,也正是人超越了自我的时候。在这个时候,时间和空间的差异都已消失;在这个时候,也是得大美感、大快乐的时候。大自然之美最能把人引入这样的境界。所谓"万里长空,一朝风月",是主体经过参究思虑后而达到的自然而然的境界,此时主体面对万水千山,风花雪月,漫无目的,独与天地精神相往来,无我、无执,进入一种对境无心的状态。所以,唐代大诗人王维的诗《终南别业》有云:"中岁颇好道,晚家南山陲。兴来每独往,胜事空自知。行到水穷处,坐看云起时。偶然值林叟,谈笑无还期。"此诗被看成王维诗歌禅意的最好表达。宗白华17岁一场大病之后,也许这样一种人生的大痛苦对他的心灵有深深地震撼,使他对生命有了深刻体悟。所以,当他在青岛的海滨"崖边独坐"时,虽然也"像以前喜欢云"一样地"喜欢海",但此时的"喜欢"已不是喜怒哀乐之俗世情感,而是对境无心的一种直观,以空明剔透的心境面对"月夜的海、星夜的海、狂风怒涛的海、清晨晓雾的海、落照里几点遥远的白帆掩映着一望无尽的金碧的海"。此时其心灵已经放弃了各种分别、分析,一切只是自然而然,所以他后来才能将王维的"行到水穷处,坐看云起时"的诗句常常挂在嘴边。

当然,少年宗白华肯定不是一个自觉的禅修者,但由于家庭、社会、环境、文化等综合因素的潜移默化,使他能够在少年时代较早地完成了一个禅者的基本心路历程。

二、栖神物外,寄心世表

禅宗以内在超越为其根本特征,提倡"明心见性,见性成佛",张扬主体的绝对自由,破除一切相对观念,以获得心灵的超越,其核心精神是超越之境,重视人的灵魂的解脱。禅宗的这种超越性表现出两个十分鲜明的特征,其一是"解脱不离世间"的人间性。禅宗六祖慧能大师在《坛经》中说:"法元在世间,于世出世间,勿离世间上,外求出世间。"禅宗强调"世间法即佛法,佛法即世间法",它把人们的精神引向彼岸世界,但却不离此岸世界,不离现实生活,反而是十分重视现实生活,强调在现实生活中实现这种超越、解脱,表现出"即世而离世"的超越精神。所谓"担水劈柴,无非妙道","行亦禅,坐亦禅,语默动静体安然"。其二是"自觉觉他"的救度精神。禅宗所谓解脱的境界,就是觉悟的境界,佛的境界。当年释迦牟尼在菩提树下坐禅七日睹明星而悟道,说的第一句话:"奇哉奇哉,一切众生皆具如来智慧德相,但因烦恼执着而不能证得。"故禅宗认为众人皆有佛性,所有人都具备成佛的可能性。众生之所以没有成佛,皆是因为"迷"的结果。迷就是众生,悟就是佛。"佛陀出世的本怀,就是要使人认清宇宙人生的真相,解除身心束缚,明心见性,获得自在。"①所以,"自觉觉他"的救世情怀是佛的人格特征,也是禅宗所追求的最高精神境界。这两种境界与青年宗白华的人生境界也是十分相应的。

青年时代的宗白华,心中有一个挥之不去的"圣哲"情节:

> 世俗众生,昏昧愚暗,心为形役,识为情牵,茫昧以生,朦胧以死……明理哲人,神识周远,深悉苦乐,皆属空华。栖神物外,寄心世表,生死荣悴,渺不系怀,但悯彼众生,犹陷泥淖,于是毅然奋起,慷慨救世。
>
> 众生迷妄……贪嗔痴迷,造业受苦,圣哲之士,心生悲悯,于是毅然奋身,慷慨救世,既已心超物外,我见都泯,自躬苦乐,渺不系怀,遂能竭尽身心,以为世用。②

宗白华心中的圣哲,以"栖神物外,寄心世表"为其人格基本特征。"栖神物外"即"自觉",因其已经觉悟到人间苦乐"皆属空华",所以能对世事不沾不滞,忘我无我,对自身的"生死荣悴"做到"渺不系怀",身心得以解脱自在;"寄心世表"即"觉他",因其有大觉者的悲悯之心,以天下苍生为念,以众生苦乐为怀,故能毅然奋身,慷慨救世,竭尽身心,以为世用。因此,这种自觉觉他的救世情怀,也就成了青年宗白华人生追求的最高价值标准。这在他的"少年中国"的建设理想中,表现得尤为突出。

1919年7月,"少年中国"学会在北京正式成立,其宗旨为,"本科学的精神,为社会的活动,以创造少年中国"。宗白华当选为学会权力机关"少年中国学会评议部"的评议员。作为学会的主要领导人之一,宗白华首先针对如何发展新会员的问题提出:"中国人根性,颇多消极,青年学者尤甚……吾学会宗旨,亦在容纳此等最纯洁高尚智慧多才之少年,改造其初始的人生

---

① 吴言生.禅宗思想渊源[M].北京:中华书局,2007:69.
② 宗白华.宗白华全集(一)[M].合肥:安徽教育出版社,2008:17—18,24.

观,以为超世入世之人生观,为人类得以造福人才。故吾会同人,随具超世胸怀,而须取积极态度,对于吾会进行,尤须怀抱热忱,处处尽心。"①这应该说是宗白华心中"少年中国"的人才建设理想,在他的心中,"少年中国"的人才应该具"超世入世之人生观",以"超世胸怀",取"积极态度",作为人类造福的事业。一句话,"少年中国"的人才标准是:觉悟了人生的真谛,并努力为拯救迷途的人们而无私奉献的人。

宗白华还提出了自己的"少年中国"的建设理想。他提出的"少年中国"建设的基本思路是:"跳出这腐败的旧社会以外,创造个完满善良的新社会,然后再用这新社会的精神与力量,来改造旧社会,使旧社会看我们新社会的愉快安乐,生了羡慕之心,感觉自己社会的缺憾,从心中觉悟,想改革效仿。那时,我们再予以积极地援助,渐渐改革我们全国社会缺憾之点,造成个愉快美满的新社会与新国家。"他所提出的建设方法是:"我们不是用武力去创造,也不是从政治上去创造,我们乃是……用教育同实业去创造。"他所提出的具体实施方案是:"我们脱离了旧社会的范围,另向山林高旷的地方,组织一个真自由真平等的团体","我们从实业与教育发展我们团体的经济与文化,造成一个组织完美的新社会","我们用这社会做模范,使全国的社会渐渐革新,成了个安乐愉快平等自由的'少年中国'"。"总而言之,我们不像现在的欧洲的社会党,用武力暴动去同旧社会宣战,我们情愿让了他们,逃到了深山野旷的地方,另自安炉起灶,造个新社会,然后发大悲心,再去援救旧社会,使他们也享同等的幸福。""使旧社会彻底觉悟自己的缺憾","帮助全世界的人都臻此境",这"虽不能像佛教说的度尽一切众生,也可算作救了一小部分了"。②

我们这里且不去谈论宗白华的天真烂漫,只在他的论说中去认识他的思想。这是一个非常具有佛教悲悯精神的社会理想,这个理想是非暴力的,

---

① 宗白华. 宗白华全集(一)[M]. 合肥:安徽教育出版社,2008:30.
② 宗白华. 宗白华全集(一)[M]. 合肥:安徽教育出版社,2008:35—37.

是以教育为其基本手段的。所谓教育,是使人"觉悟"的最有效途径。宗白华改变"旧社会"的思路是通过"少年中国"的榜样作用,使"旧社会""觉悟自己的缺憾",然后自发地改变自己。宗白华心中的"少年中国"简直就是一个"觉悟"的"菩萨"。"菩萨"是超凡脱俗的,所以它要建在"山林高旷的地方",具有"真自由真平等"的心灵,并为"众生"指点迷津。而宗白华心中的"旧社会"无疑就是一个"迷执"的"众生",它因"迷"而有"缺憾",又因"菩萨"的指点而认识到自己的缺憾,而"自己想革新改进",成就一个"完备"的新社会。

宗白华曾作为《少年中国》的编辑和主要撰稿人,做了大量的理论工作。他曾提出《少年中国》学刊的一个重要目标就是要"鼓吹青年"。他认为要做好这一方面的工作,"首先自然要我们自己的彻底觉悟","我们对于一种事体,一种现象,一种主义,一种学理"要"彻底了解觉悟",然后将这种"无妄之学术"拿出来"鼓吹青年的自觉",最终实现"少年中国"的社会理想。

宗白华十分重视妇女在社会中的作用,他深刻分析造成女子地位卑微、人格残缺的社会原因:"自来社会男子,恃其强力,欺凌弱女……积渐既久,女子恃男子而生存……历数千年之久,女子人格沦夷而不发展……日处苦海,自居玩物而不知耻。"提出拯救妇女的方法:"然今日欲求中国妇女人格之健全发展,将奚由乎? 今之学者莫不曰:是在妇女之受同等教育。予亦为然。但余所重者,又在精神之教育,而不在图识文字略知物理而已。"在宗白华看来,理想中"少年中国"的妇女应该是建立在"妇女自心之觉悟"基础上的,具有"健全之人格高尚人格"之妇女。① 宗白华的文章都是有很现实的目的的,他希望通过自己的努力来帮助人们解决现实人生的大问题。他之所以不同于一般为人生而举旗呐喊的文艺家,主要是因为他是一个学者,是

---

① 宗白华.宗白华全集(一)[M].合肥:安徽教育出版社,2008:82—83.

一个进行哲学思考的学者,所以他以冷静的态度、学术的思维,默默地做着有益的工作——从精神上给人以启迪。

总之,青年时代的宗白华怀着一颗"以超世的精神做入世的事业"的虔诚之心,以"自觉觉他"为自己的基本工作理念,希图实现济世救国的宏愿,那一句"虽不能像佛教说的度尽一切众生,可也算作救了一小部分了"的心曲的表露,将宗白华的救世情怀彰显无遗。

三、宁静淡泊,逍遥旷达

邹士方这样概括宗白华:"他本人对于世态炎凉、毁誉荣辱从不计较,作为一位美学家,他的人生态度和品格修养都具有一种美的光芒。他不慕荣利、朴素平易、淡泊清远、乐观旷达,真正得到了中国美学的真谛,受到学术界的尊崇。"唐圭璋曾说:"他自己树立了光辉的榜样,从不见他对人疾言厉色,从不见他自己郁郁寡欢,落落难合。他总是和蔼可亲、平易近人、谈笑风生、天真朴素、心无城府,是否可以说,他正如'光风霁月'吧!或者可以说,他是'豁达大度'吧!"李泽厚也说:"宗白华先生本人对于名声是无所谓的,他是魏晋风度,'逍遥游',才能走入美的世界,所谓智者乐,仁者寿!"①的确,成为哲学教授以后的宗白华,以淡泊名利、旷达逍遥为其人格的基本特征,这在他的言行和学生、同事对他的回忆中,都得到了很好地印证。

1925 年,宗白华结束了 5 年的德国留学生涯回国。他在德国曾就读于法兰克福大学和柏林大学,都是肄业,没有拿文凭。那个时代,确实有一些青年出国留学时并不重视文凭,只要学到本事,不一定等到毕业,宗白华也如此。不重视文凭,固然有一些社会的原因,但不管怎么说,一张世界名校的文凭,都是罩在一个人头上的美丽光环,这是尽人皆知的道理。宗白华对此不重视,是他淡泊名利、不图虚名的心态的真实反映。

---

①　邹士方.大师的印象(美学家卷)[M].桂林:漓江出版社,2012:144,145,170.

宗白华回国后不久，被聘请到南京东南大学哲学院任教授。在20世纪30年代，中国研究美学的学者寥若晨星，宗白华是其中最耀眼的一个。当时他和另一位美学家邓以蛰交相辉映，有"南宗北邓"之美誉，但宗白华始终保持着一种朴实无华、宁静淡远的心态，全神贯注于他的美学世界和教育事业。他的美学课十分受学生的欢迎，上课时课堂上经常是人满为患，给学生留下极为深刻的印象。邹士方在《宗白华评传》中，收录了多位宗白华学生的回忆："他讲课提纲挈领，十分认真，专心致志，冬天都出汗。眼睛不看课堂上的同学，旁若无人。""宗老讲课时，全神贯注于他的讲演，根本不看学生。学生多，他这样讲；学生少，他也这样讲。他完全陶醉在自己的讲课中，而并不关心学生听不听他的讲课。正因为这样，除了内容的丰富不俗外，本身就具有一种精神的感染力，使你觉得这位老师讲的是出自他的肺腑，是他真心诚意所相信的，因此，我们听时，也就油然有一种尊敬的感情。""他是这样肃穆而又安宁地站在讲坛边，脸上充满和悦的颜色，态度慈祥而又和蔼，谆谆地诲教着，谁也不敢有半点轻浮之气。"①作为一位知名教授，宗白华的生活却是十分简朴的，这给他的许多同事、学生留下深刻印象，多年后他们还记忆犹新："他生活朴素，穿又肥又大的长袍，家里的椅子很旧。""宗先生的生活很朴素，常年穿一件布长衫。下雨天，拿着一把黑布伞。一只怀表是他随身携带之物……不吸纸烟，不喝酒，不打牌。""他家的房后紧靠火车铁道（那时南京城内有一条火车道，直贯城内的南北），火车一过，噪声震屋，他从不因此而烦恼。""他不坐人力车，或轻易不坐人力车……当时，中大教授的月薪恒在三百元以上，有个别教授都有包车，甚至坐着包车立达教室楼门口才下车。有的留着长发，装扮成一副'名士'的派头，招摇来去，引起学生的注意和侧目。这些和宗先生的风度对照起来，就不可同日而语了。""宗先生抗战中在中大时，当时大学教授的生活是十分

---

① 邹士方.宗白华评传[M].香港:香港新闻出版社,1987:92,94.

清苦的,宗先生常常穿一件洗得发白的过膝盖不多的短小蓝布长袍,住房是在水田建筑的,天雨后室内也会滑跤的。""他那时生活很艰苦,真是布衣粗食。然而有两次募捐抗日战争的捐款,他在同事中是捐得最多的。"①这些回忆让我们看到,宗白华无论是在生活境遇较好时,还是在生活境遇较差的情况下,都以生活简朴为特色,其实是他怀着一颗质朴的心面对生活的表现。

不慕荣利,不计得失,这是宗白华又一突出的个性特点。他在旧社会不参加任何党派,无心占据社会高位,一生不想做官,不想做有权有势的人,也不想与地位显赫的人有较多往来。1952年,宗白华被调到北大哲学系任教授,从此,他与全国众多知名学者同聚北大。同行汇集最易产生的是攀比心理,更易在得失荣辱面前导致心理失衡,然而宗白华却从未出现类似问题。1956年,北大职称调整,宗白华被定为三级教授,以后一直没有调整,直到去世。他的学生熊伟回忆说:"我当时还被定为二级教授,宗先生是我的老师,定三级不合适。系内外普遍觉得应定二级。但由于当时'极左'的思想,领导认为对旧中央大学(反动大学)的名教授定职称时要向下压,结果还是定为三级。不过宗先生很超脱,并不在乎。"②现实生活中,没有几个人能够达到如此境界,尤其是高级知识分子云集之处,即使不考虑利益的得失,也无法超越面子、名声这一关。

在他人的眼中,宗白华深有晋人之风度。早在20世纪三四十年代,在学生的眼中,宗白华总是穿着蓝布长衫、青布鞋,不管是晴天雨天,都带着洋伞,很有魏晋文人的气质。

我们且看他的学生们的回忆和评价。

恽震:"我觉得白华是世上少有的纯真、朴厚、旷达而又多情的诗人和哲学家,是一块无瑕的永不受污染的美玉,是行云流水、诗情画意、魏晋草隶书

---

① 邹士方.宗白华评传[M].香港:香港新闻出版社,1987:117,138,139.
② 邹士方.宗白华评传[M].香港:香港新闻出版社,1987:228—229.

法的化身。"

常任侠："怡静、胸怀无私,这是哲学家的风度。他生活闲散,受《世说新语》的影响,有晋人风度。'不著一字尽得风流。'他布衣布服,十分朴素,'淡泊以明志,宁静以致远'(诸葛亮语),他深得静中之趣。"①

熊伟："宗先生一生很可爱,陶渊明风格是他一生的特点。有些人觉得他讨厌,他很洒脱,从不计较。他也有陶渊明'好读书不求甚解'的态度。他从尼采、叔本华哲学到美学,都是个人在那儿欣赏,对中西艺术全神贯注地欣赏。他有哲学家的味儿。他沉醉在那里欣赏,觉得人生有这样一些美的东西就很满足,很美。至于身外之物,他很看轻。这是凡夫俗子做不到的……他一生不争利禄,也不在那儿骂人,很淡泊洒脱。尘世一些事情他也参与,但看得很轻……他与世无争,从不打击人。他自己自得其乐,别人对他好坏无所谓。"②

他的同事们也如此评价他。

张岱年："我在30年代常常听到宗先生的大名。当时朱、邓、宗并称中国美学三大师,但一直没有机会见到他。1952年在北大才同宗先生见面。我们这些老教师常在一起开会。我对宗先生很佩服,他在美学方面造诣很高,在生活风度方面也达到很高的境界。他的境界我用八个字来概括:超然物外,逍遥自得。"即使在史无前例的"文化大革命"期间,宗白华和许多中国高级知识分子一样,遭遇了强烈的冲击,但他仍然心平气和,悠游自得地面对这一切。③

冯友兰回忆："那年夏天我和白华同在南阁'学习'(指"文革"期间对知识分子的改造学习——笔者注)。有一次看见他身穿白裤褂,一手打伞,一手摇着纸扇,从北阁后面的山坡上走来,优哉游哉。我突然觉得这不就是一种'晋人

---

① 邹士方.宗白华评传.香港:香港新闻出版社,1987:115.
② 邹士方.宗白华评传.香港:香港新闻出版社,1987:135.
③ 邹士方.宗白华评传.香港:香港新闻出版社,1987:288.

风度'吗？旷达是晋人风度的要点，达到这种境界，自然就是晋人风度，假定勉强做，就矫揉造作。'是真名士自风流！'"①随缘任运、旷达逍遥的晋人风度，是宗白华在他人眼中的形象，而且是一贯的形象，世间荣辱得失，似乎与他毫无关系。

四、茶禅一味，妙悟自得

在宗白华的生命历程中，还有两个非常值得重视的生活情趣，昭示他的这种生命境界。

一是尽人皆知的"佛头宗"的故事。抗战前，宗白华经常带着他的学生到南京夫子庙听大鼓书，此外就是买古董和字画。一次，宗白华在古董店中闲逛时，忽然发现一尊雕刻精美的石佛头，宗白华自己曾饶有兴味地回忆说："1935年左右，我在南京夫子庙内古董店不被人注意的柜台下面发现了石佛头，当时没带钱，就先定了下来。然后马上回来，交了30块钱取走。"②这尊佛头造型古朴拙庄，似在沉思，神韵天成。他判断这尊佛头应当是千余年前北魏或北齐时期的文物，在战乱年代几经辗转流散至今，才到了南京的古玩市场，于是携至家中，摆在案头，与他从欧洲带回的艺术品摆在一起，朝夕观摩。这件事在文化界朋友中传开，大家纷纷到他家里去观看和拍照，十分赞赏。1937年"七七事变"后，抗日战争全面爆发。日寇占领南京前夕，宗白华随中央大学仓促迁往陪都重庆，一屋的衣物来不及安顿，只将佛头埋在园中的小枣树下。抗战八年在重庆，他同朋友们时常谈起这尊佛头，无限惦念。胜利后他回到南京，居室中的书画已荡然无存，令他痛惜不已，只有这尊佛头还静静地埋在枣树下，这又令他感到十分庆幸。

宗白华把它挖出后，又放置在自己的案头，一直伴随他度过晚年。因此

---

①　邹士方. 宗白华评传. 香港：香港新闻出版社，1987：252.
②　邹士方. 宗白华评传. 香港：香港新闻出版社，1987：118.

他在当时的南京文化界得了一个"佛头宗"的美称。① 他的学生王起回忆："我曾旁听宗先生的美学课,他带一尊佛像上课堂,说这像低眉瞑目,给人一种慈祥的感觉,体现了佛教慈悲的宗旨。"另一位学生谢随之也回忆说:"我记得,曾在南京四牌楼丁家桥宗老师寓所中,看到他的画室里供着一个石头雕的人头像。宗老师说:'这是中央大学从南京仓皇撤退时埋在土里,抗战胜利复员以后又重新挖出来的。'他接着说:'我回家来,只要一看到他,什么烦恼都消散了。'"② 这尊佛头伴随了宗白华的后半生,成为他心灵的外现,生命精神的写照。他在佛头身上,感悟了艺术的美,更感悟了人的精神的美。他与佛头是心心相印、息息相通的。

二是"茶禅一味"的情趣。邹士方在《朱光潜、宗白华及酒与茶》一文中,将二位大师的生活情趣做了一次有意思的对比。朱光潜一生以烟酒为伴,一小盅白酒是他餐桌上必备的饮料。朱光潜还喜欢吸烟,吸烟的气魄很大,使用烟斗,饭后小憩或与来者谈话时,小小的房间中常常是烟雾笼罩的。宗白华不饮酒,不吸烟,独爱品茶。他喜欢江南的绿茶,六安瓜片、毛尖、龙井、碧螺春等。对比二人的性情,也很有意思。朱光潜性格如酒,是入世的、阳刚的,所以朱光潜一生一直热衷于政治,民国时期他加入了国民党,当过国民党中央检查委员,还担任过四川大学文学院院长、武汉大学教务长、北大文学院院长。新中国成立后,加入民盟,成为民盟中央委员,并担任全国政协委员,他的朋友中也有很多高官。宗白华性格如茶,茶是出世的、阴柔的,所以宗白华除了"五四"时期加入中国统一战线最大团体"少年中国学会"之外,再未加入任何党派团体。当年"少年中国学会"解散以后,他对政治厌倦,发誓此生不再加入第二党会,他一直坚守着自己的誓言。与他交往的人中不乏名人学者,但与政治人物却保持着相当的距离。他曾与郭沫若、田汉、徐悲鸿故交甚密,他是郭沫若诗才的发现者、扶持者,是田汉入狱时的

① 邹士方.宗白华评传.香港:香港新闻出版社,1987:118.
② 邹士方.宗白华评传.香港:香港新闻出版社,1987:92,141.

营救者,是徐悲鸿困居德国时的资助者,还与郭沫若、田汉出版过《三叶集》。但后来,由于这些人的高官身份和政治色彩,他便对他们敬而远之,甚至采取了回避的态度。他一生不担任任何带"长"字的职务,只以美学艺术为乐。①

酒与茶,的确代表了人的不同生命境界。"茶的世界,我们的古典文化把它叫作醒的世界,清醒的世界,就是醒乡。而酒的世界则是醉的世界,是醉乡。从酒的世界到茶的世界,就是从醉乡到醒乡,从醉的世界到清醒的世界,从烦恼的世界到菩提的世界。"②

宋代高僧圆悟大师有"茶禅一味"的说法,所谓茶亦是禅,禅亦是茶。在中国禅宗史上,还有一个著名的公案就叫作"吃茶去"。唐代著名禅师赵州和尚每日在观音禅院讲禅法,许多僧人前来请教。有一天,他问一个僧人:"你以前来过这里吗?"僧人答:"没有。"赵州说:"吃茶去。"又问另外一个和尚:"你以前来过这里吗?"那人说:"来过。"赵州又说:"吃茶去。"旁边一个和尚大惑不解,问道:"师父,来过的你让吃茶去,没来过的你也让吃茶去,这是什么意思呢?"赵州和尚再次说道:"你也吃茶去。"这个公案告诉我们,无论人生处于怎样的状态,"吃茶去"都可以让你沉下心来,静静地去品味,进而体悟生活的真谛,这是茶所能带给人的感悟。

茶与禅合而为一,一方面是因为人们发现了茶之自然功能对于禅修的妙用,茶可以提神,这是尽人皆知的,故古代的禅僧们为了在参禅打坐时保持清醒的头脑而不昏睡,便以饮茶来提神,于是佛门茶事成为一道风景。僧人们种茶、制茶、饮茶,既可以解决部分生计问题,又可以借此修身养性。另一方面人们发现了茶的自然境界。"茶"字的结构是"人"在"草""木"之间,也就是在大自然之中,是一种非常纯朴的状态,此时人可以保持本心本性,这也非常符合禅所追求的境界。

---

① 邹士方.朱光潜、宗白华及酒与茶.博览群书.2010,(10):79—81.
② 吴言生.生活的禅机.杭州:浙江古籍出版社,2011:173.

宗白华一生爱茶，不嗜烟酒，如果将他的这一爱好与他的生活状态联系起来看，可以说这正是他生命境界的真实写照。宗白华的一生，不正是在这样一种自然而然的生命境界中，实现他的精神超越吗？在一般人看来，这是一个美的境界，但却是不易达到的。宗白华达到了这一境界，而且是始终不移。这说明，这种精神早已沉潜到宗白华的灵魂深处，早已和他合而为一了。所以，宗白华的学生袁鸿寿曾经这样谈论宗白华："以我的经历，宗老是以行为及思想写美学的。他发表的著作及言论都不是精华所在（我一向主张文学作品最好以生活来写），他到北京后虽然没有发表过大文章，但是生活十分美，以其昭昭，使人昭昭，见似韬晦，实不韬晦。凡接触宗老的人，都有如坐春风之感。近代治美学者有不少专家，有的著作很多，而我对宗老，一直有'如对大菩萨，只合掌顶礼'之感。"①

总而言之，通过本章上述的不同角度来分析宗白华，我们都可以看到，在传统到现代的社会转型中，在西方文化暴力入侵的情况下，作为现代知识分子的宗白华，其生命历程与佛学结下了不解之缘。正是这种与佛学的深深渊源关系，影响了宗白华的精神世界、思维特点，对他的思想产生深远影响，进而影响了他的美学思想体系的最终确立。

---

① 邹士方.大师的印象（美学家卷）.桂林：漓江出版社，2012：150.

附　　录

（一）现代名家谈佛学

梁启超（公元 1873—1929 年）

佛教本有宗教与哲学之两方面，其证道之究竟也，在觉悟；其入道之法门也，在智慧；其修道之得力也，在自力……中国人惟不蔽于迷信也，故所受者，多在哲学方面，而不在宗教方面，而佛教之哲学，又最足与中国原有之哲学相辅佐也。中国之哲学，多属于人事上、国家上，而与天地万物原理之学，究穷之者，盖少燕。英儒斯宾塞，尝分哲学为可思议、不可思议之二种，若中国先秦之哲学，则毗其可思议者，而乏于其不可思议者。自佛学入震旦，与之相备，然后中国哲学乃放一异彩。

——梁启超《中国学术思想变迁之大势》

宇宙何以能成立？人生何以能存在？佛的答案极简单——只有一个字——"因缘"，因缘这个字怎么解呢？佛典中的解释，不下几百万言，今不必繁征博引。试用现在通行的话解之，大约"关系"这个字和原意相去不远。佛自己解释"因缘"最爱用的几句话是："有此则有彼，此生则彼生，此灭则彼灭。"这几句话又怎样解呢？他是表示宇宙一切现象都没有绝对的存在，都是以相对的依存关系而存在，依存关系有两种：一是同时的，二是异时的。异时的依存关系，即所谓"此生则彼生，此灭则彼灭"。此为因而彼为果。同时的依存关系，即所谓"有此则有彼，无此则无彼"。此为主而彼为从。但是，从某一观点看，固可以说此因彼果、此主彼从；换一个观点看，则果又为他现象之因，因又为他现象之果。主从关系亦然。所以不惟没有绝对的存在，而且没有绝对的因果主从，一切都是相对的。由此言之，所谓宇宙者，从时间的来看，有无数之异时因果关系；从空间的来看，有无数之同时主从关系。像一张大网，重重牵引，继续不断，互相依赖而存在。佛教所谓"因缘所生法"，就是如此。

——梁启超《印度之佛教》

震旦末法流行，数百年来，宗门之人，耽乐小乘，堕断常见……以为佛法皆清净而已，寂灭而已，岂知大乘佛法，悲智双修，与孔子必仁且智之义，如两爪之相印。惟智也，故知其世间即出世间，无所谓净土，即人即我，无所谓众生……故为有舍身以救众生……通于此者，则游行自在，可以出生，可以入死，可以仁，可以救众生。

——梁启超《谭嗣同传》

假使我们认佛教是一派哲学，那么这派哲学所研究的对象是甚么呢？佛未尝不说宇宙，但以为不能离开人生而考察宇宙。换句话说，佛教的宇宙论，完全以人生问题为中心。所以佛的徽号亦名"世间解"Lohavidu。再详细点说，佛教并不是先假定一种由梵天或上帝所命令的，形而上的原理拿来做推论的基本。他是承认宇宙间的一切事实，从事实里面用分析综合功夫观察其本来之相——即人生成立活动的真相。然后根据这真相，以求得人生目的之所归向。所以佛教哲学的出发点，非玄学的而科学的，非演绎的而归纳的。他所研究的问题，与其说是注重本体，毋宁说是注重现象；与其说是注重存在，毋宁说是注重生灭过程。他所以和婆罗门旧教及一切外道不同者在此。

——梁启超《梁启超谈佛》

章太炎（公元 1869—1936 年）

至所以提倡佛学者，则自有说。民德衰颓，于今为甚，姬孔遗言，无复挽回之力，即理学亦不足以持世。且……恶慧既深，道德日败。矫弊者，乃憬然于宗教之不可泯绝。而崇拜天神，既近卑鄙，皈依净土，亦非丈夫干志之事……至欲步东土，使比立纳妇食肉，戒行既亡，尚何足为轨范乎？自非法相之理，华严之行，必不能制恶见而清污俗……拳拳之心，独在此耳。

——章太炎《人无我论》

佛法只与哲学家为同聚，不与宗教家为同聚……佛法的高处，一方面在理论极成，一方面为圣智内证，岂但不为宗教起见，也并不为解脱生死起见，不为提倡道德起见，只是发明真如的见解，必要实证真如……与其称为宗教，不如称为"哲学的实证者"。至于布施、持戒、忍辱等法，不过对治妄心。妄心不起，自然随顺真如。这原是几种方法，并不是他的指趣。

——章太炎《论佛法与宗教、哲学与现实的关系》

方东美（公元 1899—1977 年）

华严要义，首在融合宇宙间万法一切差别境界，人世间一切高尚业力，与过、现、未三世诸佛一切功德成就之总汇，一举二统摄之于"一真法界"，视为无上圆满，意在阐释人人内具圣德，足以自发佛性，顿悟圆成，自在无碍。此一真法界，不离人世间端赖人人彻悟如何身体力行，依智慧行，参佛本智耳。佛性自体可全面渗入人性，以形成其永恒精神，圆满具足，是谓法界圆满，一往平等，成"平等性智"。此精神界之太阳，晖丽万有，而为一切众生，有情无情，所普遍摄受，交彻互融，一一独昭异彩，而又彼此相映成趣。是以理性之当体起用、变化无穷，普遍具现于一切人生活动，而与广大悉备、一往平等之"一真法界"共演圆音。佛放真光，显真如理，灿丽万千，为一切有情众生之所共同参证，使诸差别心法、诸差别境界，一体俱化，显现为无差别境界指本体真如，圆满具足，是成菩提正觉，为万法同具而交彻互融者。

——方东美《中国形上学中之宇宙与个人》

陈寅恪（公元 1890—1969 年）

汉晋以还，佛教输入，而以唐为盛。唐之文治武功，交通西域，佛教流布，实为世界文明史上，大可研究者。佛教与性理之学 metaphysics，独有深造，足救中国之缺失，而为常人所欢迎……于是佛教大盛，宋儒若程若朱，皆深通佛教者，既喜其义理之高见详尽，足以救中国之缺失，而又忧其用夷复夏也。乃求的两全之法，避其名而居其实，取其珠而还其椟。采佛理之精粹以之注解四书五经，名为阐明古学，实则吸取异教。声言尊孔辟佛，实则佛之义理，已浸渍濡染，与佛教之传宗，合而为一。此先儒爱国济世之苦心，至可尊敬而曲谅之者。故佛教实有功于中国甚大……自得佛教之裨助，而中国之学问，立时增长元气，别开生面。

——转自吴学昭《吴宓与陈寅恪》

汤用彤（公元 1893—1964 年）

佛法，亦宗教，亦哲学。宗教情绪，深存人心，往往以莫须有之史实为象征，发挥神秘作用。故仅凭陈迹之搜讨，而无同情之默应，必不能得其真。哲学精微，悟入实相，古哲慧发天真，慎思明辨，往往言约旨远，取譬虽近，而见道深弘。故如徒于文字考证上寻求，而乏心性之体会，则所获者其糟粕而已。

——汤用彤《魏晋南北朝佛教史·跋》

释太虚（公元 1890—1947 年）

我们翻遍全《大藏经》，没有发现佛说他自己是"宇宙万有"的真宰，也没有发现佛说他自己握有"赏善罚恶"的权威；相反的，佛视此类"神权思想"，直为众生心灵上的毒瘤，势非强有力的予以割治不可……众生的命运完全紧捏在众生自己的手头……一般宗教都有他自己虔诚崇拜的天神——用自己想象雕刻出来等于特殊阶级的天神；佛则要一切众生绝对相信自己，不要埋没自己的性灵……可惜，可惜许多诋毁和信仰佛教的人，对这点似乎都未有弄清,这是一大憾事！佛教,就是世尊根据自己的证悟而施设的特殊教育,亦即佛学、佛法。

——释太虚《佛教与人生》

世界各宗教,在人类社会中,其活动力是相当普遍,而与科学生活中最适宜的,惟有佛教。故近来欧美人士说佛教是科学的宗教。因为佛教教义通得过科学的,因为佛法是理智的,其他宗教都是以情感来接受的。

所谓"佛法"者何？佛是觉悟者,其觉悟的法——宇宙间事事物物因果法则,对于宇宙人生如何发生变化,都有周详的指示,故科学所发明的,不出于因果律的范围。功利主义的科学,是佛学中因果之一部门……科学是物质现象的一种,他是变动的,而佛教的教理是不变的。故说佛法是理智的,是现在的、将来的原子理论。

——释太虚《原子时代的佛教》

科学上有所发明,即宗教上便有所失据。寻常神我等教,根本上既少真理,一经风吹,不免为之摇动。骇辩不足,继以恐布,牵强附会,又失自主,此其人至为可悲。独有佛教,只怕他科学不精进,科学不勇猛,科学不决定方针精究真理,科学不析观万有澈底觉知。能如是,则科学愈进步,佛法将愈见开显。以佛法所明者,即宇宙万有之真实性相。科学愈精进,则愈与佛法接近故。今且先言天文:在昔东土,仅知上天——日月星辰等——下地,中乃有人。西洋则基教徒利用希哲地为中心学说以传布于世。迨法哲既明太阳为中心后,迄今复有以无中心之说宣传者。盖已经过若干度之进步,以之空中恒星实无数量,相摄相抵,无主持者,故恒星为中心之说亦除也。至此,始证明佛经云:"虚空无边故世界无数,交相摄入,如众珠网。"又云:"世界依风轮而住,风轮依虚空而住。"——皆为实境,此其接近者一。科学家以水中有虫。内典亦云:"佛观一滴水,八万四千虫。"兹事、余于十数年前,确曾在南京杨仁山先生处,用高度显微镜亲验之,此其接近者二。达尔文氏以人种由来,自种业遗传递蜕渐变而来,虽与佛法之世间万类皆由积集业力——

品性——行为等而感报差别,遇缘各升沉靡定,尚有不逮。而较神造、天生之旧教,亦为有进,此其接近者三。生理家谓人身由循环器等集成,而其血肉皆为无数细胞积聚生灭而活动。与佛经所谓"观身如虫聚",及谓受生之初,由"起根身虫"而起根身,宛然符契,此其接近者四。物质家谓固、液、气三质,系万物之原素。佛经言四大:地即固质,水即液质,风火即气质。风动、火热合为一切力,如光、电、热力等,此其接近者五。随举五端,余不缕述。在二千年前佛经中已具此说,未有科学之新发明,人鲜有言。故科学愈见精进,则佛学上愈为欢迎,此其大足为佛法初步之确证也明矣

——释太虚《佛法与科学》

欧阳渐(公元 1870—1943 年)

佛如是,孔亦何独不然!《大学》知止,知涅槃常之为止也;《中庸》改而止,改去汝生灭无常之止而趣向入涅槃常之止也。此亦教之趣向毕竟而舍染取净之旨也。孔书出处无非示人于流行中而求其所依之体!

——欧阳渐《遗集》第二册

孔道概于《学》《庸》《大学》之道,又纲领于"在止于至善"一句。至善,即寂灭寂静是也。何为善?一阴一阳之谓道,继之者善也,成之者性也。就相应寂灭而言谓之道,成是无欠谓之性,继此不断为之善。道也,性也,善也,其极一也。"善"而曰"至"何耶?天命之谓性,于穆不已之谓天,无声无臭之谓于穆。上天之载,无声无臭至矣,则至善之谓无声无臭也。至善为无声无臭,非寂灭寂静而何耶?明其明德,而在止至善,非归极于寂灭寂静而何耶?……吾谓揭橥孔学、佛学之旨,于经而得二言焉,曰:"古栦欲明明德于天下者","我皆令入(无余)涅槃而灭度之"。

——欧阳渐《孔佛概论之概论》

蔡元培(公元 1868—1940 年)

国无教,则人近禽兽而国亡,是故教者无不以护国为宗旨也……我国之教,始于契,及孔子而始有教士……晋宋以后……得所译佛经之助……于是

佛氏之徒，入君主之国，知真理之不见容，而思有以体合之义也，乃造布施功德之说，附以委巷不经之事，以求容于世之愚夫妇也。而后与扼于利禄之愚儒同。

——蔡元培《佛教护国论》

（二）经典禅语

禅定：

何为坐禅？此法门中，无障无碍。外于一切善恶境界，心念不起，名为坐。内见自性不动，名为禅。善知识！何名禅定？外离相为禅，内不乱为定。外若著相，内心即乱；外若离相，心即不乱。本性自净自定，只为见境思境即乱。若见诸境心不乱者，是真定也。善知识！外离相即禅，内不乱即定，外禅内定，是为禅定。《菩萨戒经》云："我本元自性清净。"善知识！于念念中，自见本性清净。自修自行，自成佛道。

——《坛经》

吃茶去：

赵州从谂禅师，师问新来僧人："曾到此间否？"答曰："曾到。"师曰："吃茶去。"又问一新来僧人，僧曰："不曾到。"师曰："吃茶去。"后院主问禅师："为何曾到也云吃茶去，不曾到也云吃茶去？"师召院主，主应诺，师曰："吃茶去。"

——《五灯会元》

仁者心动：

时有风吹幡动，一僧曰风动，一僧曰幡动，议论不已。惠能进曰："不是风动，不是幡动，仁者心动。"

——《坛经》

捉住虚空：

石巩问西堂："汝还解捉得虚空么？"堂曰："捉得。"师曰："作什么捉？"堂以手撮虚空。师曰："汝不解捉。"堂却问："师兄作什么捉？"师把西堂鼻孔拽，堂作忍痛声曰："太煞！拽人鼻孔，直欲脱去。"

——《五灯会元》

呵佛骂祖：

上堂："我先祖见处即不然，这里无祖无佛。达摩是老臊胡，释迦老子是干屎橛，文殊、普贤是担屎汉，等觉、妙觉是破执凡夫，菩提、涅槃是系驴橛，十二分教是鬼神簿、拭疮疣纸，四果、三贤、初心、十地是守古冢鬼，自救不了。"

——《五灯会元》

一切现成：

雪霁辞去，地藏送之，问云："上座寻常说三界唯心，万法唯识。"乃指庭下片石云："且道此石在心内在心外？"师云："在心内。"地藏云："行脚人，着什么来由安片石在心头？"师窘无以对，即放包依席下，求抉择。近一月余，日呈见解说道理，地藏语之云："佛法不恁么。"师云："某甲词穷理绝也。"地藏云："若论佛法，一切现成。"师于言下大悟。

——《文益语录》

廓然无圣：

尔时武帝问："如何是圣谛第一义？"师曰："廓然无圣。"帝曰："对朕者谁？"师曰："不识。"又问："朕自登九五以来，度人造寺，写经造像，有何功德？"师曰："无功德。"帝曰："何以无功德？"师曰："此是人天小果，有漏之因，如影随形。虽有善因，非是实相。"武帝问："如何是真功德？"师曰："净智妙圆，体自空寂。如是功德，不以世求。"武帝不了达摩所言，变容不言。达摩其年十月十九日，自知机不契，则潜过江北，入于魏邦。

——《祖师堂》

平常心是道：

问南泉："如何是道？"南泉曰："平常心是道。"师曰："还可趣向否？"南泉曰："拟向即乖。"师曰："不拟时如何知是道？"南泉曰："道不属知不知。知是妄觉，不知是无记。若是真达不疑之道，犹如太虚，廓然虚豁，岂可强是非耶？"师言下悟理。

——《景德传灯录》

一灯能除千年暗：

不思量，性即空寂；思量即是自化。思量恶法，化为地狱；思量善法，化为天堂。毒害化为畜生，慈悲化为菩萨，知惠化为上界，愚痴化为下方。自性变化甚多，迷人自不知见。一念善，知惠即生。一灯能除千年暗，一知惠能灭万年愚。

——《坛经》

径山和尚有妻否：

师往西堂后，有一俗士问："有天堂地狱否？"师曰："有。"曰："有佛法僧宝否？"师曰："有。"更有多问，尽答言有。曰："和尚恁么道莫错否？"师曰："汝曾见尊宿来耶？"曰："某甲曾参径山和尚来。"师曰："径山向汝作么生道？"曰："他道一切总无。"师曰："汝有妻否？"曰："有。"师曰："径山和尚有妻否？"曰："无。"师曰："径山和尚道无即得。"俗士礼谢而去。

——《景德传灯录》

日应万机，即是佛心：

帝曰："何为佛心？"对曰："佛者西天之语，唐言觉。谓人有智慧觉照为佛心。心者，佛之别名，有百千异号，体唯其一，无形状，非青黄赤白、男女等相，在天非天，在人非人，而现天现人，能难能女，非始非终，无生无灭，故号灵觉之性。如陛下日应万机，即是陛下佛心。假使千佛共传，而不念别有所得也。"

——《五灯会元》

万古长空，一朝风月：

问："达摩未来此土时，还有佛法也无？"师曰："未来且置，即今事作么生？"曰："某甲不会，乞师指示。"师曰："万古长空，一朝风月。"僧无语。师复曰："梨会么？"曰："不会。"师曰："自己分上作么生，干他达摩来与未来作么？他家来，大似卖卜汉。见汝不会，为汝锥破，卦文才生吉凶，尽在汝分上，一切自看。"

——《五灯会元》

青青翠竹，郁郁黄花：

问："古德曰：'青青翠竹，尽是真如；郁郁黄花，无非般若。'有人不许，言是邪说；亦有人信，言不可思议。不知若为？"师曰："此盖是普贤文殊大人之境界，非诸凡小而能信受。皆与大乘了义经意合。故《华严经》云：'佛身充满于法界，普现一切群生前，随缘赴感靡不周，而恒处此菩提座。'翠竹既不出于法界，岂非法身乎？又《摩诃般若经》曰：'色无边故，般若无边。'黄花既不越于色，岂非般若乎？此深远之言，不省者难为措意。"

——《祖师堂》

新月有圆夜，人心无满时：

无为军铁佛音禅师，僧问："如何是和尚家风？"师曰："一寻寒木自为邻，三十秋云更谁识？"曰："和尚家风蒙指示，为人消息又何如？"师曰："新月有圆夜，人心无满时。"

——《五灯会元》

草荒人变色，凡圣两齐空：

有僧人问禅师："如何是夺人不夺境？"禅师回答说："白菊乍开重日暖，百年公子不逢春。"又问："如何是夺境不夺人？"禅师回答说："大地绝消息，翛然独任真。"又问："如何是人境两俱夺？"禅师说："草荒人变色，凡圣两齐空。"僧人再问："如何使人境俱不夺？"禅师说："清风与明月，野老笑相亲。"

——《五灯会元》

一日不作，一日不食：

　　师凡作务执劳，必先于众，主者不忍，密收作具而请息之。师曰："吾无德，争何劳于人？"既遍求作具不获，而亦忘餐。故有"一日不作，一日不食"之语流播寰宇矣。

——《五灯会元》

后　记

　　这本小书的写作终于完成了，它凝聚着我的辛劳，我的汗水，我不时泛起于心的欣慰，以及我挥之不去的遗憾。

　　这一研究课题的确立及最终完成，经历了数年的时间。2009 年，我到北师大做访问学者，有幸拜童庆炳先生为师，在童先生的指导下，我确立了这一研究课题。说实话，这一研究课题对我来说确实是一个巨大的挑战，因为我在去北师大之前，在文艺学、美学领域几乎完全没有什么建树，以我自身的学术功底去研究宗白华这样一位巅峰美学家，的确是我力所不及的。但这却是我自己毫不犹豫地做出的选择，因为在我通读了《中国 20 世纪文艺学学术史》后，发现中国灿若繁星的现代学者中，宗白华的学术思想更适合我个人的学术意趣。在接下来研读《宗白华全集》的过程中，宗白华的睿智让我时时得到启发，经常有所感悟，我将这些感悟随时记录在书页上，当我通读完后进行整理时，竟然发现，我的感悟与思考居然绝大多数与佛学有关，我在宗白华的著述中捕捉最多、感触最深的几乎都是宗白华美学思想与佛学的内在渊源关系，我将自己这一认识与童先生交流，得到了童先生的大力肯定，认为这是一个有价值的研究方向，鼓励我深入地研究下去，于是从佛学的角度切入宗白华研究，就成了我最终确立的研究课题。从此，我潜心于这一课题的研究工作，虽然我感到很吃力，甚至常常觉得自己学术思维几近枯竭，但我还是努力地坚持下去。最终，艰苦地努力还是得到了一定的回报,在我访学结束时,以我的研究成果参加了 2010 年在北京大学召开的第十八届世界美学大会,并在会上进行了交流。

　　回来后,由于多方面复杂的原因,我有两年的时间将这一课题搁在了一边。当我这本小书最终完成并即将印刷出版的时候,我的内心感觉与我当年去见童先生时一样地忐忑,因为我知道,我的学术水平和研究能力都十分有限,真正投入到研究中的时间和精力也明显不足,错误是在所难免的,即使有一点点有价值的思考,也多有论述不足之处。因此,我怀着求教与接受批评的心态,将此书奉献于读者!

张希玲

2015 年 3 月